风电机组功率控制技术

刘姝 著

中国水利水电出版社
www.waterpub.com.cn

·北京·

内 容 提 要

本书主要介绍了风电机组在低风速工况和高风速工况下发电机的转矩控制策略，为获取最大的风能以及减小电磁振荡、保持恒功率输出而设计不同的控制器；以及如何应用新型风速估计前馈补偿功率控制策略，在过渡阶段不同运行状态下迅速平滑输出功率，改善电能质量。本书通过仿真测试平台，对设计的控制策略得出仿真结果，验证可行性和有效性，同时结合实际案例，展现功率控制技术在大规模风电工程中的应用。

本书可供从事风电行业控制技术的研究人员、风电场工作人员，以及高等院校、职业教育院校新能源领域相关的师生阅读参考。

图书在版编目（ＣＩＰ）数据

风电机组功率控制技术 / 刘姝著. -- 北京 ： 中国水利水电出版社，2022.7
ISBN 978-7-5226-0809-9

Ⅰ．①风… Ⅱ．①刘… Ⅲ．①风力发电机－发电机组－控制系统 Ⅳ．①TM315

中国版本图书馆CIP数据核字(2022)第114647号

书 名	风电机组功率控制技术 FENGDIAN JIZU GONGLü KONGZHI JISHU
作 者	刘姝 著
出 版 发 行	中国水利水电出版社 （北京市海淀区玉渊潭南路 1 号 D 座　100038） 网址：www.waterpub.com.cn E - mail：sales@mwr.gov.cn 电话：(010) 68545888 （营销中心）
经 售	北京科水图书销售有限公司 电话：(010) 68545874、63202643 全国各地新华书店和相关出版物销售网点
排 版	中国水利水电出版社微机排版中心
印 刷	清淞永业（天津）印刷有限公司
规 格	184mm×260mm　16 开本　7 印张　145 千字
版 次	2022 年 7 月第 1 版　2022 年 7 月第 1 次印刷
印 数	0001—2000 册
定 价	**45.00 元**

Foreword
前言

随着风电技术的迅速发展，对风电机组功率控制的研究逐渐成为重点，因此引入先进的控制理论，研究具有高效率的风能转换系统控制方法，具有重要的研究价值。本书对风电机组在额定风速以下、额定风速以上、额定工况的过渡阶段的控制策略详细分析，在全工况下完成控制和仿真，构建风电机组实物仿真测试平台，进行风电机组运行控制模拟实验，并对风电场运行实例及典型故障实例分析功率控制技术进行研究。

本书共分为 6 章，内容包括绪论、双馈式风电机组模型的建立、基于风速分频的最优功率控制、基于风速估计的前馈补偿最优功率控制、风电机组运行控制模拟实验，以及风电场运行实例及典型故障实例。相信本书的出版对从事风电行业控制技术的研究人员和风电场工作人员有所帮助。

本书由刘姝编撰。在本书的编撰过程中，法雷奥科技有限公司蒋洪亮高工、河海大学能源与电气学院刘岩博士、沈阳工业郑天翔硕士也参与了本书的资料收集、插图绘制、后期文字校对等工作，为本书的出版做出了重要贡献。

在本书的编撰过程中，沈阳工业大学、和而泰科技有限公司提供了部分参考资料，在此深表谢意。本书在编撰的过程中还参考了许多学者的著作和论文，在此一并向相关文献的作者表示衷心的感谢。

由于编写的时间比较仓促，加上作者水平有限，书中难免有不足之处，敬请读者批评指正。

作者

2022 年 2 月

符 号 列 表

ρ	空气密度	ω_l	风轮低速轴角速度
υ	风速	ω_h	风轮高速周角速度
υ_s	稳态风速	$J_{\omega t}$	风轮转动惯量
υ_t	动态风速	J_g	发电机轴转动惯量
ω	叶片的风速	J_l	低速轴的等效转动惯量
R	风轮叶片半径	J_h	高速轴的等效转动惯量
A	叶片扫掠面积	T_F	时间常数
r	叶素位置处扫掠圆半径	K_F	静态增益
α	叶片的攻角	I	湍流密度
β_{ref}	叶片的桨距角	BPS	基本物理系统
I	叶片入流角	EPS	仿真物理系统
λ	风轮叶尖速比	HIL	硬件在环
λ_{opt}	风轮叶尖速比最优值	HILS	硬件在环仿真
P_{wt}	风力机的捕获功率	ORC	最优控制特性
C_p	风力机的功率系数	TSR	叶尖速度比
$T_{\omega t}$	风力机风轮（低速轴）输出转矩	IPS	研究物理系统
T	传动链扭矩	RTPS	实时物理仿真器
T_G	发电机转矩惯量	RTSS	实时软件仿真器
C_T	风力机的转矩系数		

Contents 目录

第 1 章

绪　　论

1.1　研究背景及意义

1.1.1　研究的背景

目前环境和能源是世界广泛关注的两个问题，已逐渐成为各国的焦点问题。基于常规能源的枯竭和环境保护等，当今世界各国能源都朝着开发新能源以及利用可再生能源的新方向发展。在已经开发利用的环保、高效、绿色可再生能源中，风能以其资源丰富、绿色环保等优势，越来越受到世界的关注。

早在 20 世纪 90 年代中后期，我国政府就已经认识到能源问题的严重性和紧迫性，以及对国家战略安全的重要影响，开始引导新能源科技和产业的进一步开发。根据国务院在 2006 年发布的《国家中长期科学与技术发展规划纲要（2006—2020 年）》等权威资料，在未来几十年内我国将把风力发电技术作为新能源发电领域的核心技术之一。

风电机组主要技术包括定桨距调节、变桨距调节、主动失速调节、变速恒频技术等。然而，变速恒频技术的发展始于 20 世纪 70 年代中后期，它是一种新型的风力发电技术。它的优点很多，主要表现在：通过调节发电机转子电流的相位、频率和大小以实现对转速的控制，在很广的风速范围内接近并保持相对恒定的最佳叶尖速比，最终实现风能的最大转换效率；采用一些控制策略对有功功率、无功功率进行调节，减少损耗，抑制谐波，有效提高风电机组的效率。在采用变速恒频技术的过程中，发电机的类型、电力电子变流装置的类型都不尽相同，为了控制发电机的功率，因此构成了多样化的变速恒频风电机组。

随着电力电子技术的迅速发展，逐渐为变速恒频发电技术的成熟应用提供了有力的保障。采用交流励磁系统的双馈式风电机组，将变流器安装在转子侧，流过的转差功率仅仅是全部功率的一小部分，可以很大程度地降低变流器的容量，减少系统的成本；另外转子绕组通入的励磁电流，在幅值、相位、频率上均可进行调节，更能满足风电机组的控制要求。因此，变速恒频双馈风电机组可以快速广泛地应用，已经成为当今制造厂商使用最多的风电机组类型。

风力发电技术涉及的学科很多，主要包括机械传动、空气动力学、电机学、自动控制等，它是综合性的、高科技的系统工程。风能具有随机性、不稳定性和能量密度低等特点，决定了风电机组是复杂多变量、非线性不确定的系统。因此控制技术成为解决风电机组是否高效安全运行的关键，在风电机组中起着主导作用。

一般情况下风电场都设置在沙漠、海边等风力资源比较丰富，环境恶劣的地区，对于风电机组来说，如何延长设备的使用期限并提高设备运行的安全可靠性能，是一个重要的目标。风能是可再生的自然界资源，取之不尽，用之不竭。但是，可以利用的风能资源在有限时间内非常有限，因此提高风电机组的效率，使风能利用率最大化，是风电机组控制的另一个重要目标。

各学科领域在不断进步，促使风电机组控制技术的长足发展，因此实现风电机组的可靠性、稳定性很重要，并且对各方面的控制也有了更高标准的要求。一方面，风能由于具有不可预测性、时变性等各种不稳定性的特点，并且常常会有剧烈的变化，可能导致输出功率严重波动，如果将大规模的风电直接并入电网，将会对电网的电能质量造成难以承受的影响，所以需要进一步改善风电机组输出的电能质量；另一方面，风电机组制造成本和维护费用都很可观，因此均要求风电机组在有限的工作寿命中，尽可能地多发电，即要求风电机组有更高的发电效率。

目前大型风电机组的控制策略是风电领域重点研究问题，它的最优控制问题可以从以下方面进行分析：

（1）通过最优控制来捕获最大的风能，在提高转换效率的同时，进一步改善风电机组的电能质量。

（2）风电机组在获得最大风能捕获时，还可以对功率进行有效的控制，从而降低风电机组的发电成本。

（3）通过有效的控制策略，能够抑制风电机组在运行过程中产生的振荡，从而抑制传动链的扭曲，减少塔架的载荷，延长风电机组使用寿命并提高利用率。

风电机组的控制方法在许多文献中已论述，这些控制方法都可以对风电机组的性能起到显著提高的作用。在控制过程中，主要目的是对风电机组在运行过程进行保护并对其进行最优功率控制。

为了实现系统高效稳定运行，主要对风电机组进行最优控制，并通过协调控制输出功率为有效手段。目前许多专家在这方面做了大量工作并已达成初步共识，就是根据风速的大小对风电机组进行分段控制，包括：在低风速下主要采用最大风能捕获控制来提高系统效率；在中风速下考虑到发电机额定转速和风电机组的机械强度等因素，可以控制风电机组的恒功率运行；在高风速下为了限制变频装置和发电机的额定功率，对发电机进行恒功率控制。

1.1.2　研究的意义

目前国内对风电机组的研究主要是双馈型控制技术，这种技术逐渐成为我国风电领域重要的发展方向和研究课题。双馈型控制技术具有可靠性能高、能量转换效率高以及功率控制灵活等特点，是实现高性能风电转换系统的基础和关键技术。因此，根据变速恒频风电机组控制技术的要求，在考虑外部扰动等不确定因素和风电机组动态特性对风电机组本身的影响的条件下着重研究风电控制系统中一些最优控制策略的应用，以提高风电机组的控制性能。同时，对系统动态特性进行最优并提供最优控制策略，从而有助于提高我国风电机组的制造水平，开发出安全可靠、性能稳定、高效率的变速恒频双馈风电机组，对风电机组技术的发展起到推动作用，而且其经济效益和社会效益也会有显著提高。

1.2　国内外研究现状

功率控制的研究具有悠久的历史，可以追溯到维纳等奠定的控制论，他们提出相对于某个性能指标进行最优设计的定义。在 1948 年，维纳等发表论文提出了信息、反馈及控制等概念，为最优控制的诞生和发展奠定了坚实的基础。早在 1951 年，Medonal 首次把这个定义用于继电器系统时间最优控制。20 世纪 50 年代初期 Bushuaw 研究了伺服系统的时间最优控制问题，后来 LaSalle 发展了时间最优控制理论。20 世纪 50 年代，R. E. Kalman 提出关于线性二次最优调节器理论和 Pontryagin 等提出的极大值原理成为控制理论上的两大基石，为最优控制的发展做出非常重要的贡献。Zeiden 等针对同时具有状态约束和控制约束的最优问题等给出了满足 Riccati 方程充分必要的条件。Dontchev 等研究了非线性最优控制问题的稳定性和最优性条件等。1970 年，Rockafellar 和 Vinter 等研究了微分和波尔扎等问题的最优条件。

我国学者也对最优控制理论进行了一系列的研究，钱学森在 1954 年编著的《工程控制论》直接促进了最优控制理论的发展。在风电机组中，最优控制主要是用来进行变桨控制和发电机转矩控制。门耀民等对低速永磁式直驱风电机组，主要是在不同风速下对风轮转速进行控制，采用适合于线性寻优的单纯加速法，通过调节发电机转速来实现最大风能捕获。王晓东将最优控制应用在桨距角的调节控制中，以便维持输出功率总是保持在额定值附近。张秀玲等在风电机组中采用模糊推理最优梯度法，采用转速乘以指数的倍数作为风电机组的初始基准，可以迅速地对最大功率点进行跟踪。文献［33 - 34］运用最优控制抑制塔身侧弯和桨叶的震荡，并且改善风电机组的输出功率。

传统的控制方法是在额定风速以下时控制并且保持最优的风轮叶尖速比，以便获得最大的风能转换效率。由于风速在时间和空间上具有随机性，作为控制系统针对风电机组的转速和风速输入的信号都要测定，但对达到风轮上的风速进行测定并且测得的结果一致是很难办到的，因此很难精确实现叶尖速比控制算法。在不同风电系统叶尖速比的最优值也不同，这与发电机及风电机组的特性有关，算法的移植也比较困难。

由于叶尖速比方法在任何风速下都能够获得最大的转换效率，所以目前在国内外风电机组的控制中得到广泛应用。但是，最佳叶尖速比应用于最大风能追踪控制时存在以下问题：

（1）风电机组测量到的风速与机组功率输出一致性差，难于精确控制，国内外相关研究集中在这种不确定性的估计上，使控制效果不受参数变化影响，对单一对象针对性差。

（2）传统的控制算法由于结构简单、易于实现。但在某些工况下，这些控制方法缺少灵活性，无法解决风电机组的快速性和超调之间的矛盾。

（3）长期运行中的风电机组，由于外部原因会引起系统本身参数发生变化，造成传统控制器无法准确跟踪最大功率点。

针对上述问题，国外学者在此方面已经进行一些最优控制研究，主要分为单目标和多目标的最优研究。单目标主要采用各种控制方法及控制策略改进传统的控制技术；多目标主要采用复合控制方法，满足风电机组不同控制目标的要求，呈现多种控制策略和技术相互融合的趋势。

从目前的文献资料来看，对风能转换系统的单目标最优控制方法研究多，成果也颇多。应该在前人研究的基础上对 MPPT、PI 控制、最优理论、LQG 等单目标和 LQG-PI 等多目标的最优控制方法进行更深入的研究。

1. 单目标最优控制

基于风速估计的最佳叶尖速比法是最佳叶尖速比法的改进方法，它是根据发电机测量得出的转速、转矩、加速度以及功率，实时估算各时刻的风速，再利用最佳叶尖速比的方法求出当前最优功率值和最优转速值，实现风电机组的最大功率追踪。文献 [41] 为了减小系统的稳态误差而设计的一种模糊滑模变结构控制器。在某种程度上这些算法虽然能够改进控制效果，但绝大多数控制方法只是优化了某一种控制目标，而没有把测量过程中出现的噪声和控制回路等考虑到其中，因此这些算法的实用性将会在一定程度上受到限制。文献 [42] 的控制思想是当风速一定时，若已知最优风电机组转速—转矩曲线，那么可以通过转矩闭环控制，使发电机电磁转矩实时地跟踪此最优曲线，则对应系统就会运行在最大风能捕获点。此方法的优点在于能避免风速的检测；此方法的缺点一是需要风电机组转速信息和最优转矩曲线，但是风电机组厂家通过实验数据拟合而成的最佳转矩曲线随着环境因素的变化而变化，因此控制精度会受到一定的限制；二是必须已知发电机的电磁转矩，即如果采用这种转矩公式的控制方法，那么对发电机的参数将具有很强的依赖性。文献［43］提出一种风力机转速非线性 PID 控制器的变速恒频风电机组，不仅加快控制器的响应，还可以提高转速控制的精度。文献［44］把桨距角的控制和发电机功率作为输入信号，在不同风速下对桨距角采用 PI 进行控制。文献［45］通过设定的有功功率间接控制风电机组转速，用以实现无风速下测量捕获风电机组的最佳功率曲线。由于算法中依赖空气密度和风电机组参数等常量，风电在机组特性改变或气象条件不同的情况下，最优功率参数会存在稳态偏差，这样风电机组在运行时可以工作在最优输出功率状态。

多目标最优控制方法主要解决实际工况下稳态与动态"混合型"的多目标问题。由于风电机组主要由机械传动部分、发电机部分、并网部分等组成，所以考虑到它的复杂性及特殊性，风电机组控制器满足的控制目标不同，单一性能指标的最优控制不能满足高性能风电机组的要求，同时考虑到单独使用某一种控制目标达到最优控制，并不能完全符合系统整体的利益要求，可能会引起系统的不稳定性能甚至损坏。因此风电机组的多目标最优控制方法研究是一个急需解决的问题，将会成为风力发电系统中一个新的研究热点。

2. 多目标最优控制

文献［5］主要针对某一个稳态的工作点采用风速分频的方法，为了实现低频风速、高频风速这两种激励下的分层控制而设计出混合型 LQG - PI 控制器；文献［47］针对额定风速以上变速恒频风电机组的运行最优问题，提出一种线性二次型高斯自适应增益调度（GS - LQG）的最优控制策略，这是通过卡尔曼滤波进行的有效平均风速估计，可以把它作为调度变量以便对控制器的参数实施 GS，以适应系统稳态工作点的变化，从而可以实现多变量综合最优控制。仿真结果表明，相对于传统控制策略，所提出的 GS - LQG 最优控制策略不仅稳定了风轮转速，平滑输出功率，而且降低了变桨距机构的动作频率，缓和传动链上的疲劳载荷。文献［48］针对额定风速以下的情况，以降低发电机系统振荡和捕获最大风能为目标，基于 LQG 最优控制设计了双频环。针对额定风速以上的情况，将 H2/H∞混合多目标控制引入双频环控制器，从而替代 LQG 控制器。通过对 H∞指标的大小进行调整，最终求解得到最小 H2指标不同的值，使多个目标之间的不同折中得以实现。但是，未分析针对不同工况、不同风速下变系数选择。文献［49］提出增益调度线性二次型 LQ 有效风速观测的控制策略，由于噪声干扰在这个过程中的影响很大，因此观测的效果不是很明显；文献［50 - 55］充分利用 Kalman 滤波和 LQG 的优点，将 LQG 控制增益调度应用到风电机组的控制中，利用最优控制状态量和控制量多元参数，但对关键的有效风速信号没有提及是如何获取的。文献［56］设计了非线性化的控制器，实现变速风电机组的恒功率控制，主要是通过微分几何理论方法分析得到的。文献［16，57］运用最优控制理论主要是为了使风电机组的转子的应力、功率振荡、塔身的震颤可以减小，同时还能改善阵风的响应，因此设计出转子角周期性函数的系统状态方程，即通过桨距进行完全周期性状态的控制器。确实可以通过模拟结构性负载，改善静态输出功率并减少应力。

针对抑制反馈信号可以校正动作滞后对输出功率波动造成影响的情况，文献［58－59］提出的一种前馈控制是针对测量风速而言，这两种方法需要给定桨叶迎风面的风速，还要考虑塔影效应和尾流效应的影响，而风速仪又位于风机的逆风区，因此测量得出的风速和桨叶迎风面的风速会存在一定的差别，这样就可能降低控制器性能。Naruhito Kodama 等为了解决上述问题，提出基于多位置测量风速前馈控制方法，采用在风电机组轮毂处安装风速仪的方法以便减小和风电机组桨叶迎风面之间的风速差别，这种方法可以有效降低输出功率波动，但应用难度却有所增加。

因此，根据对国内外风电机组最优控制进行分析，总结得到如下结论：

（1）目前基于风电机组控制策略的研究主要是以为了实现最大功率点跟踪和机组的稳定运行为主，大多数文献都是以额定风速以下风能最大追踪或额定风速以上发电机恒功率平稳输出作为单个研究目标。因此对单一目标的最优研究，缺乏一定的创新性和开拓性。

（2）为了统筹考虑多目标的最优，在系统稳定运行时，注重最大跟踪和稳定功率输出等目标实现，起到综合作用的效果。

（3）需要考虑风电机组特殊性及复杂性，因此控制器应该满足不同控制目标需求，在风电机组建模基础上，把先进最优控制理论引入到风电机组的控制研究中，研究风能转换系统具有高效率、高精度、高动态性能的复合控制方法，在理论研究上具有重要的研究价值，在工程实践上具有重大的意义。

1.3　来源及研究内容

1.3.1　功率控制来源及研究对象

（1）功率控制来源。本课题来源于国家科技支撑计划"适应海陆环境的双馈式变速恒频风电机组的研制"（2006BAA01A03）。课题研究目标主要提出双馈式风电机组最优功率的理论和方法，并为风电机组控制技术升级提供理论和实践基础。

（2）研究对象。研究对象采用水平轴、上风向、三叶片、变桨距调节、变速恒频双馈式发电机并网的 3.0MW 风电机组。通过构建风电机组各部分的模型，对算法进行研究并探究应用实现，为 SUT－3000 风电机组的应用拓展提供最优控制平台并为技术开发提供参考价值。

1.3.2 解决的主要问题及方法

在建立风电机组的非线性机理模型的基础上，对双馈风电机组额定风速以下、额定风速以上、额定风速附近过渡工况等三种不同的情况，分析风电机组的功率特性、运行区域及控制方法。讨论双馈发电机组的控制模式，重点改进最大风能追踪控制方案和有功功率输出的最优方案。分别研究基于风速分频的 LQG 控制和基于风速估计的前馈补偿的两种最优方法。主要解决以下问题：

（1）确定变速恒频风电机组并网后的三个运行区域：最大风能追踪区、恒转速区和恒功率区，其中最大风能追踪区控制是提高风电机组最优功率的关键。

（2）基于风速的稳态动态特性以及其风速分离原理在风电机组中的应用，设计机组的稳态动态环控制策略对其模型进行控制，相对于传统控制或者基于单变量的改进控制，提出基于风速分频的 PI - LQG 控制策略，在各种变化的风况下实现多目标多变量最优控制，改善风电机组电磁转矩和风力机桨距角输出，提升风电机组的整体效能，并可以延长机组的使用寿命、减小传动链的载荷、改善并网风电机组的电能质量等。

（3）对额定风速附近时的过渡工况，提出一种基于有效平均风速估计的前馈补偿最优功率控制策略，利用动态反馈的估计风速变化调节桨距角速度来抑制阵风扰动。

1.3.3 研究主要内容

第 1 章介绍课题研究的背景和意义、国内外双馈式风电机组最优功率控制现状和发展趋势、风电机组的控制目标和控制策略、风电机组的最优功率控制方法。

第 2 章基于风电机组的物理机能，讲述风电机组的组成，建立风电机组的风轮模型、传动链模型、变桨机构的模型、固定点风速模型、风电机组的稳态和动态模型等。分析风速的动态特性，将风速分解为稳态分量和动态分量，建立风电机组稳态和动态模型。

第 3 章阐述风速分解为稳态风速和动态风速两种类型，基于额定风速以下和额定风速以上不同工况时风速频率分离原理，以能量最大捕获和电磁转矩振荡最小为目标，在低风速工况和高风速工况下分别设计 PI 最优控制器和 LQG 最优控制器。通过对其进行仿真并得出仿真结果，从而表明这种设计的最优控制器可以实现功率的恒定控制和稳定输出，实现对稳态和动态的多目标整体最优控制的方案。

第 4 章针对额定工况过渡阶段，风电机组运行在额定风速附近时，利用牛顿-拉夫逊算法与卡尔曼滤波计算出估计风速值，因此提出基于风速估计的前馈补偿最优功率策略，给出合适的前馈变桨角并通过前馈控制与反馈 PID 控制器的输出相加作为桨距角的设定点，这样可以避免测量风速。通过 3MW 双馈式风电机组模型，利用 Bladed 软件对其仿真分析，根据仿真结果，通过风速估计的前馈补偿方法确保曲线平滑输出、有效地减小发电机输出功率波动，同时控制效果良好。

第 5 章和第 6 章根据 3MW 变速恒频双馈式风电机组在实物仿真平台对设计的最优控制策略进行实验研究，并且与应用广泛的 PI 控制器进行详细的对比分析。模拟风电场典型的风况，构建风电机组的实时物理仿真，对风速进行模拟，分析风电机组的性能，测试风力机的各种运行状态并验证风电机组的各种控制策略。

第 2 章

双馈式风电机组模型的建立

2.1 风电机组的组成

风力发电系统主要由风轮、传动系统、发电机、变桨距等组成，它的工作流程是风轮将风能转换成机械能，经过齿轮箱增速驱动发电机，应用变流器励磁从而可以将发电机的定子电能输入电网。如果超过发电机同步转速，转子也处于发电状态，通过变流器向电网馈电。齿轮箱可以将较低的风轮转速变为较高的发电机转速，同时也使发电机易于控制，实现稳定的频率和电压输出。基于双馈式风电机组的基本结构如图2.1 所示。

风电机组是风力发电系统中最主要的设备，根据风能接受装置的空间布置和结构形式来分，可以划分为水平轴风电机组和垂直轴风电机组两类。由于垂直轴风电机组捕获风能的效率比较低，而且占地的面积比较大，在建设中所需材料多，所以一般的大型风电机组

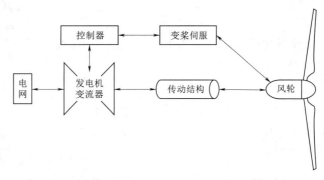

图 2.1　双馈式风电机组结构图

都采用水平轴的。本书的研究对象是双馈式风电机组水平轴风电机组。

为了有效地利用风能，风电机组的风轮在运行时应该对准风向，根据风向的变化进行偏航，同时根据风速的变化进行变桨距。

2.2 风电机组的稳态模型建立

风电机组各部件是相互耦合而成，主要包括风轮叶片、轮毂、传动链、发电机以及执行器的各种动态特性。

2.2.1 风轮的模型

变桨距风电机组的叶片与轮毂间采用非刚性的联结方式，即叶片绕着叶片纵梁进行桨距角的调节，这样才能使风电机组有可能在不同风速下，保证最大吸收风能，使输出功率达到最大。

风轮吸收的风能产生输出功率为

$$P = \frac{1}{2}\rho\pi C_p R^2 v^3 \qquad (2.1)$$

式中　P——输出功率；

　　　ρ——空气密度；

　　　C_p——风能利用系数；

　　　R——风轮半径；

　　　v——风轮风速。

风轮将风能转变为机械能传递给其后的传动链，机械能表达式为

$$P_m = T\omega = P \qquad (2.2)$$

式中　P_m——机械能；

　　　T——风轮的扭矩；

　　　ω——风轮的角速度。

其中负载决定扭矩 T，因此由式（2.1）和式（2.2）得

$$\omega = \frac{1}{2}\rho\pi C_p R^2 v^3 / T \qquad (2.3)$$

对于一定的负载，当风电机组处于一定的风速 v 时，ρ、R 为常数量，因此风能利用系数决定了转速的大小。因此，有

$$\omega \propto C_p \qquad (2.4)$$

根据叶素定理的性质，当风电机组风轮启动后，对某种风速稳定旋转时叶片受力进行分析，可以得到理想状态下气流与叶片角的关系式，即

$$I = i + \beta \qquad (2.5)$$

$$\mathrm{tg}I = \frac{v}{\omega r} = \frac{1}{\lambda} \qquad (2.6)$$

式中　I——入流角；

　　　i——攻角；

　　　β——桨距角；

　　　λ——叶尖速比。

因此根据力的平衡关系，叶片扭矩为

$$T = \frac{1}{2}\rho C_T v^2 AR \tag{2.7}$$

$$\omega_r = \frac{v}{\sin I} \tag{2.8}$$

$$C_T = \frac{C_L\left(\sin I - \dfrac{1}{C_L/C_D}\cos I\right)}{\sin^2 I} \tag{2.9}$$

式中　C_T——扭矩系数；

　　　A——风轮的迎风面积；

　　　R——风轮半径；

　　　ω_r——叶片相对速度；

　　　C_L——升力系数；

　　　C_D——阻力系数。

　　叶片攻角 i 可以直接影响着升力系数 C_L 和升阻比 C_L/C_D，对于风况和运行状态一定的风电机组，给定风速和风向，合成风速 ω 和入流角 I 也是定值。当攻角 i 增大时，升力系数 C_L 随着增大，同时升阻比 C_L/C_D 也增大，根据式（2.9）扭矩系数 C_T 也会增大，如图 2.2 所示。

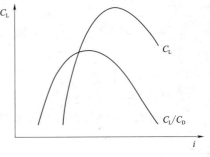

图 2.2　i 和 C_L 与 C_L/C_D 的关系

　　由式（2.4）和式（2.7）可以得到

$$\frac{1}{2}\rho C_T v^2 AR\omega = \frac{1}{2}\rho\pi C_p R^2 v^3 \tag{2.10}$$

$$C_p = C_T \frac{R\omega}{v} = C_T\lambda_0 \tag{2.11}$$

式中　λ_0——风电机组叶片受力平衡时叶尖速比。

　　根据式（2.11）可得 C_p 正比于 C_T，当攻角 i 增大，风能利用系数 C_p 随着增大；相反当攻角 i 减小，风能利用系数 C_p 随着减小。由式（2.3）可知，当风速和风电机组的负载一定时，随着攻角 i 的增大风电机组转速也增大；随着攻角减小 C_p 值也减小，因此风电机组转速也随之减小。

　　再由式（2.5）和式（2.6）可以看出，如果 i 增大，β 将减小；如果 i 减小，β 将增大。为了直观起见，通常用桨距角 β 来说明上面的关系，即当 β 增大时，风电机组转速下降；当 β 减小时，风电机组转速增加。

2.2.2　传动链模型

　　风电机组的机械传动链由风轮、齿轮箱、低速传动轴、高速传动轴和发电机五部分组成。对于轴系模型的研究方法数不胜数，在不需要机械强度设计和对应力分布分析情况下，大多采用等效集中质量法。从扭矩振荡角度或电气动态过程为主进行研究时，考虑齿轮箱本身动态特性非常复杂，因此可对系统适当进行简化，把转动柔性等效至传动轴，而齿轮箱视为一个集中质量块。作为传动柔性主要来源齿轮箱而言，把它和风力机共同等效成一个质量块，而把发电机的转子等效成另外的质量块，因此传动柔性等效至高速轴，建立了两质量块模型。

风电机组的传动系统是连接风轮和发电机的装置，负责机械能的传递。主要机械部件为变速齿轮，由于本文传动系统的扭转刚度大，发电机转子和转子之间只有一个旋转自由度，而齿轮箱的传动轴、低速轴、高速轴是刚性的，低速轴与高速轴按照一定传动比变化，本书采用刚性轴模型。

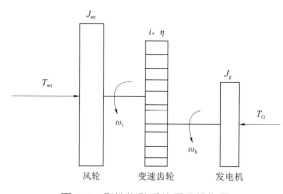

图 2.3　刚性传动系统原理结构图

刚性轴的刚性传动系统原理结构图如 2.3 所示。

由动力学方程可以推导刚性系统的简单数学模型为

$$J_{\text{h}}\frac{\mathrm{d}\omega_{\text{h}}}{\mathrm{d}t}=\frac{\eta}{i}T_{\omega t}-T_{\text{G}} \quad (2.12)$$

式（2.12）两边同乘以 i^2/η 将转化成式（2.13），即

其中

$$J_{\text{l}}\frac{\mathrm{d}\omega_{\text{l}}}{\mathrm{d}t}=T_{\omega t}-\frac{i}{\eta}T_{\text{G}} \quad (2.13)$$

$$\omega_{\text{h}}=i\cdot\omega_{\text{l}}$$

式中　ω_{h}——发电机转子速度；

　　　i——齿轮箱变速比；

　　　T_{G}——发电机电磁转矩；

　　　$T_{\omega t}$——气动转矩；

　　　η——齿轮效率；

J_{l}、J_{h}——传动系统低速端和高速端总转动惯量。

其中

$$J_{\text{l}}=J_{\text{l}}+J_{\omega t}+(J_2+J_{\text{g}})\frac{i^2}{\eta} \quad (2.14)$$

$$J_{\text{h}}=(J_{\text{l}}+J_{\omega t})\frac{\eta}{i^2}+J_2+J_{\text{g}} \quad (2.15)$$

式中　$J_{\omega t}$——风轮转子的转动惯量；

　　　J_{g}——发电机的转动惯量；

J_1、J_2——齿轮高速端和低速端的转动惯量。

由于变频器的模型很复杂，相对于传动系统和风电机组的动态特性要快得多，因此可以忽略。系统的转换矩源可以由变速发电机替代，也就是转矩的设定值与发电机转矩相等。

本书进行控制研究的对象主要是风电机组的传动链，因此发电机模型可以简化为电磁转矩 T_g。

2.2.3　变桨机构的模型

对于风电机组来说，变桨距速率和桨距角范围都是有限制的，因此变桨距执行机构非线性系统是带有死区的。但是当变桨距速率和桨距角在饱和极限范围内，变桨距执行机构的非线性近似为线性特性。风电机组变桨距执行机构目前主要分为两种：液压驱动变桨距和伺服电机变桨距。这两种执行机构都可以转换为一阶惯性环节，表达式为

$$\dot{\beta} = \frac{1}{\tau}(\beta_{\mathrm{ref}} - \beta) \tag{2.16}$$

式中　τ——执行机构的时间常数；

　　　β——桨距角的实际值；

　　　β_{ref}——桨距角的给定值。

液压系统或电机等变桨距执行机构，它们的物理性能受到一定的限制，因此，建模时桨距角的幅值和变化速率在变桨距控制过程中应该作限幅处理，执行机构变桨距模型如图 2.4 所示。

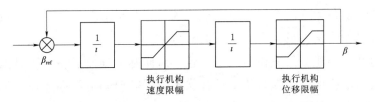

图 2.4　变桨距执行机构模型

2.2.4　风电机组的稳态模型

风电机组各部分模型的有机连接，构成了风电机组的整体模型，其结构框图如图 2.5 所示。

根据本章 2.2 节建立风电机组的非线性模型，在平衡点整合式（2.7）、式（2.13），可以得到风速 v 在低频时风电机组的稳态模型，即

$$T_{\mathrm{wt}} = \frac{1}{2}\pi\rho R^3 v^2 C_{\mathrm{T}}(\lambda) \tag{2.17}$$

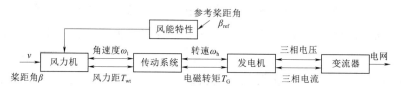

图 2.5 风电机组整体模型框图

$$J\omega_1 = T_{wt} - \frac{i}{\eta} \cdot T_G \qquad (2.18)$$

额定风速以下时，风电机组不需调桨距角，在通常状况下默认桨距角为 $0°$。因此在不考虑风速的变化频率时，式（2.17）和式（2.18）构成风电机组的稳态模型。

2.3 风电机组的动态模型建立

风电机组的主要外部信号来源于风速，并且风速决定着风电机组的运行状态。风速变化频率的高低影响着发电功率的波动率及风电机组转速，也就是影响风电机组发电质量和运行的稳定性。因此为了保证风电机组的运行质量，应考虑风速变化频率的因素，建立风电机组的风速动态模型，并应用在风电机组的控制中。

2.3.1 固定点风速模型

由于地点和大气状况不同，风速也是在时刻变化的，综合这些特性得知风速的模型建立过程很难。通常情况下，地球表面上大气层的热平衡是固定的。风速不断变化的主要原因是陆地与大气的摩擦，还与地表的粗糙程度有关。因此，在设计风电机组时，可以把阵风作为结构设计和控制目的的参考值。

通常用速度分布建立风速模型，当配置了风向标或偏航设备，而且风向变化足够慢，风变化时发电机的风轮保持正常运行状态，仅需要知道纵向风速（风电机组主轴方向）即可。本书不仅研究正常工作情况下的风电机组运行情况，而且还研究极端的工作条件，如阵风、极端阵风、湍流风等情况。

结合具体地点的特殊气象条件可以建立风速的动态模型。因此，风速模型是一个动态随机过程，可以由两部分叠加而成，即

$$v(t) = v_s(t) + v_t(t) \qquad (2.19)$$

式中　$v_s(t)$——平稳分量，描述了长期、低速变化，即稳态部分；

　　　　$v_t(t)$——湍流分量，描述了短时、高速变化，即动态部分。

根据频谱特性动态模型，风速的频率主要由稳态和动态两部分构成。这些组成部分可以由风速频谱特性表示，如图 2.6 所示。

与稳态分量对应的是非常缓慢的风速变化。从能量的观点来看，稳态部分主要是

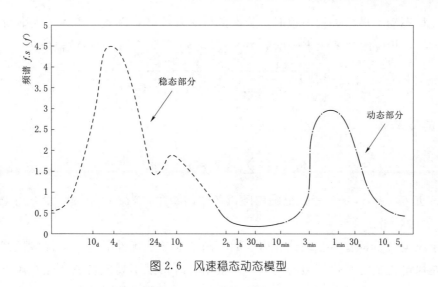

图 2.6　风速稳态动态模型

某一地点的风速。稳态部分的模型可表示为

$$v_\text{s} = ave^{-1/2av^{-2}} \tag{2.20}$$

式中　v——1h 以内的平均风速；

　　　a——由长期的平均风速所决定的参数；

　　　v_s——影响湍流幅度，不过它的变化对风电机组短期或长期的性能无太大影响。

　　在不超过 10min 时，湍流部分在快速风速变化时建立的模型。其数学描述是一个平均值为 0 的分布，它的标准差 σ 取决于当前的小时平均值 v_s。湍流密度是衡量整个湍流水平的标志，这取决于地表粗糙度，定义为

$$I_\text{t} = \frac{\sigma}{v_\text{s}} \tag{2.21}$$

　　1997 年 Welfonder 提出，在一个很长的时间内可以得到随时间变化的风速，包括 $v_\text{s}(t)$ 和 $v_\text{t}(t)$ 这两个部分，但它们的时间单位是不相同的，其中稳态部分的采样时间 $T_\text{ss} = 10\text{min}$，动态部分的采样时间 $T_\text{st} = 1\text{s}$，如图 2.7 所示。

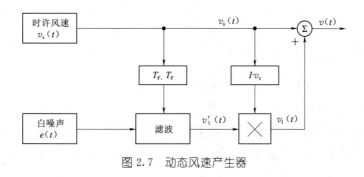

图 2.7　动态风速产生器

　　稳态部分可以由风速频谱模型进行模拟，也可以由实测数据得到的模型来模拟。

在用风速稳态动态模型进行模拟时，稳态部分必须取样，因此令离散角频率为 $\omega_i(i=1,2,\cdots,N)$，相应的功率频谱密度值为 $S_{v_s v_s}(\omega_i)$，角频率 ω_i 的谐波幅值为

$$A_i = \frac{2}{\pi}\sqrt{\frac{1}{2}(S_{v_s v_s}(\omega_i)+S_{v_s v_s}(\omega_{i+1}))(\omega_{i+1}-\omega_i)} \tag{2.22}$$

计算 v_s 的公式为

$$v_s(t)=\sum_{i=0}^{N}A_i\cos(\omega_i t+\varphi_i) \tag{2.23}$$

式中，φ_i 是在 $[-\pi,\pi]$ 变化范围内随机产生的相角，当 $\omega_0=0$ 时，令 $\varphi_0=0$，$A_0=v$，v 为平均风速。

由于风电机组具有强非线性、风速的不确定性和干扰性等特性，许多控制方法都是建立在风电机组线性化模型的基础上。根据有时精度不高的特点，建立风电机组的稳态和动态模型。在动态模型中，把动态变化量作为状态变量，从而得出线性的时变状态方程；风电机组由于扰动控制具有稳定作用，风速变化时动态模型矩阵参数的波动很小，因此可以把参数看作是不变量，这样可以保证建模的精度，同时还避免求解时的复杂计算。

2.3.2　风速的动态特性

通常情况下将风速 $v(t)$ 分为稳态分量 $v_s(t)$ 为和动态分量 $v_t(t)$，这两部分分量可以组成非统计随机过程。

把动态风速进行归一化[5]得到

$$\overline{\Delta v}(t)=\frac{\Delta v(t)}{v_s(t)}=\frac{v(t)-v_s(t)}{v_s(t)}=\frac{v_t(t)}{v_s(t)} \tag{2.24}$$

可用一阶微分方程描述图 2.7 中的动态风速，即

其中

$$\overline{\Delta v}(t)=\frac{1}{T_\omega}[e(t)-\overline{\Delta v}(t)] \tag{2.25}$$

$$T_\omega=L_t/v_s$$

式中　$e(t)$——白噪声；

　　　T_ω——一阶滤波器的时间常数；

　　　L_t——脉动长度。

在研究风速动态特性时，需要对风速进行估计与测量。通常来说，所测得的风速是经过风轮和桨叶作用以后的风速，即扫风面上的风速。但是用风速仪测量时滞后于扫封面的风速，在数值上就会有一些差异。所以需要对风速进行估计，还要考虑到空气密度的变化，对空气密度进行修正以便提高风速估计的准确性。可以利用本地测量

空气密度进行估计,从而得到较准确的有效风速。

与此同时,还需要对风速进行频率分离与滤波。由图 2.6 给出的稳态动态特性可知,通过对风速 $v(t)$ 进行高阶低通滤波从而得到风速的扰动分量 $v_s(t)$,绝大部分波段是由滤波器切出的频率。由于风速通过滤波分离以后比较粗糙,相应湍流分量也有会轻微的变形,还可能产生相位延迟等各种问题。解决的方法是增加低通滤波器的切出频率,再利用 PI 经典控制器进行滤波。

图 2.8、图 2.9、图 2.10 分别表示稳态风速、动态风速、风速的仿真图。

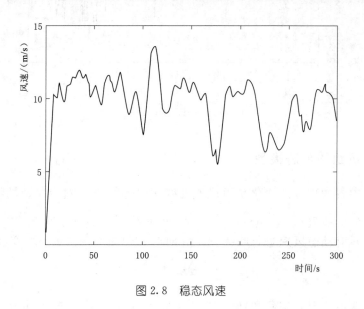

图 2.8　稳态风速

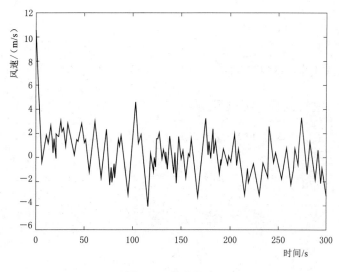

图 2.9　动态风速

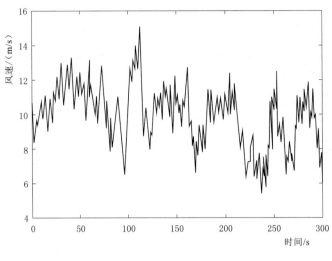

图 2.10　风速的仿真图

2.3.3　风电机组的动态模型

风电机组中各物理量的变化是由风速的变化引起的。v_s 对应风速的稳态分量，稳态分量用 $\bar{\varepsilon}$ 表示，其中 $\varepsilon = [T_{\omega t}, \omega_1, \omega_h, \cdots]$，动态风速 $\Delta v(t)$，动态分量为 $\Delta\varepsilon = \varepsilon - \bar{\varepsilon}$。对应式（2.20）对动态风速进行归一化，并对归一化动态变量进行定义得到

$$\overline{\Delta\varepsilon} = \frac{\Delta\varepsilon}{\bar{\varepsilon}} = \frac{\varepsilon - \bar{\varepsilon}}{\bar{\varepsilon}} \tag{2.26}$$

在额定风速以下时，桨距角通常都固定在 $\beta = 0°$，这种情况下功率系数仅仅是叶尖速比 λ 的函数。

由式（2.7）和式（2.17），可以得到

$$\Delta T_{\omega t}(t) = \gamma \frac{T_{\omega t}}{\omega_1} \cdot \Delta\omega_1(t) + (2 - \gamma)\frac{T_{\omega t}}{\bar{v}}\Delta v(t) \tag{2.27}$$

然后对式（2.27）进行微分，可以得到

$$\Delta T_{\omega t}(t) = \gamma \cdot \Delta\omega_1(t) + (2 - \gamma)\Delta v(t) \tag{2.28}$$

$$\gamma = \gamma(\bar{\lambda}) = \frac{C'_p(\lambda) \cdot \lambda}{C_p(\lambda)} - 1 \tag{2.29}$$

$$C'_p(\lambda) = \frac{\mathrm{d}C_p(\lambda)}{\mathrm{d}\lambda} \tag{2.30}$$

$$\bar{\lambda} = \frac{R \cdot \omega_1}{v} \tag{2.31}$$

由式（2.13）可以推出

$$\Delta\omega_1(t) = \frac{1}{J_{\mathrm{T}}}[\Delta T_{\omega\mathrm{t}}(t) - \Delta T_{\mathrm{G}}(t)] \tag{2.32}$$

其中
$$J_{\mathrm{T}} = \frac{\omega_{\mathrm{h}} \cdot J_{\mathrm{h}}}{T_{\omega\mathrm{t}}}$$

将式 (2.25) 和式 (2.32) 代入式 (2.28)，可以得到

$$\Delta T_{\omega\mathrm{t}} = \frac{\gamma}{J_{\mathrm{T}}}[\Delta T_{\omega\mathrm{t}}(t) - \Delta T_{\mathrm{G}}(t)] + \frac{2-\gamma}{T_{\omega}}[e(t) - \Delta v(t)] \tag{2.33}$$

由式 (2.27) 可以得到

$$\Delta v(t) = \frac{1}{2-\gamma}\Delta T_{\omega\mathrm{t}}(t) - \frac{\gamma}{2-\gamma}\Delta\omega_1\Delta\omega_1(t) \tag{2.34}$$

将式 (2.34) 代入式 (2.33) 中，可得

$$\Delta T_{\omega\mathrm{t}}(t) = \left(\frac{\gamma}{J_{\mathrm{T}}} - \frac{1}{T_{\mathrm{w}}}\right)\Delta T_{\omega\mathrm{t}}(t) - \frac{\gamma}{J_{\mathrm{T}}}\Delta T_{\mathrm{G}}(t) + \frac{2-\gamma}{T_{\omega}}e(t) \tag{2.35}$$

综上所述，可以得到风电机组的动态线性模型，即

$$\begin{cases} \Delta\omega_1(t) = \dfrac{1}{J_{\mathrm{T}}}[\Delta T_{\omega\mathrm{t}}(t) - \Delta T_{\mathrm{G}}(t)] \\[2mm] \Delta T_{\omega\mathrm{t}}(t) = \left(\dfrac{\gamma}{J_{\mathrm{T}}} - \dfrac{1}{T_{\omega}}\right)\Delta T_{\omega\mathrm{t}}(t) + \dfrac{\gamma}{T_{\omega}}\Delta\omega_1(t) - \dfrac{\gamma}{J_{\mathrm{T}}}\Delta T_{\mathrm{G}}(t) + \dfrac{2-\gamma}{T_{\omega}}e(t) \end{cases} \tag{2.36}$$

捕获最大的风能和追踪最佳叶尖速比是额定风速以下的控制目的，因此对风电机组的输出可以表示为

$$\begin{aligned} z(t) = \Delta\lambda(t) &= \Delta\omega_1(t) + \frac{\gamma}{2-\gamma}\Delta\omega_1(t) - \frac{1}{2-\gamma}\Delta T_{\omega\mathrm{t}}(t) \\[2mm] &= \frac{2}{2-\gamma}\Delta\omega_1(t) - \frac{1}{2-\gamma}\Delta T_{\omega\mathrm{t}}(t) \\[2mm] &= \left(\frac{2}{2-\gamma} - \frac{1}{2-\gamma}\right)\begin{bmatrix} \Delta\omega_1(t) \\ \Delta T_{\omega\mathrm{t}}(t) \end{bmatrix} \end{aligned} \tag{2.37}$$

以 $x(t) = [\Delta\omega(t) \quad \Delta T_{\omega\mathrm{t}}(t)]^{\mathrm{T}}$ 为状态量，以 $u(t) = \Delta T_{\mathrm{G}}(t)$ 为机组的输入，得到状态方程的形式为

$$\begin{cases} x(t) = \boldsymbol{A}x(t) + \boldsymbol{B}u(t) + \boldsymbol{L}e(t) \\ z = \boldsymbol{C}x(t) \end{cases} \tag{2.38}$$

其中

$$\boldsymbol{A} = \begin{bmatrix} 0 & \dfrac{1}{J_{\mathrm{T}}} \\[3mm] \dfrac{\gamma}{T_{\omega}} & \dfrac{\gamma}{J_{\mathrm{T}}} - \dfrac{1}{\Gamma_{\omega}} \end{bmatrix}$$

$$\boldsymbol{B} = \begin{bmatrix} -\dfrac{1}{J_T} \\[3mm] -\dfrac{\gamma}{J_T} \end{bmatrix}$$

$$\boldsymbol{L} = \begin{bmatrix} 0 \\[2mm] \dfrac{2-\gamma}{T_\omega} \end{bmatrix}$$

$$\boldsymbol{C} = \begin{bmatrix} \dfrac{2}{2-\gamma} & -\dfrac{1}{2-\gamma} \end{bmatrix}$$

在额定风速以上时，同时调节桨距角和叶尖速比使得风电机组进行恒功运行。由式（2.17）和式（2.34），且进行归一化后，得

$$\Delta T_{\omega t}(t) = \gamma \cdot \Delta \omega_1(t) + (2-\gamma)\Delta v(t) + \zeta \Delta \beta(t) \tag{2.39}$$

其中

$$\gamma = \gamma(\lambda,\beta) = \frac{C'_{p\lambda}(\lambda,\beta) \cdot \lambda}{C_p(\lambda,\beta)} - 1 \tag{2.40}$$

$$\zeta = \zeta(\lambda,\beta) = \beta C_{p\lambda}(\lambda,\beta) \tag{2.41}$$

$$C'_{p\lambda}(\lambda,\beta) = \frac{\partial C_p(\lambda.\beta)}{\partial \lambda}\bigg|_{\lambda=\bar{\lambda}} \tag{2.42}$$

$$\beta = \bar{\beta} \tag{2.43}$$

$$C'_{p\beta}(\lambda,\beta) = \frac{\partial C_p(\lambda,\beta)}{\partial \beta}\bigg|_{\lambda=\bar{\lambda}} \tag{2.44}$$

由式（2.16），可得

$$\Delta \beta(t) = \frac{1}{T_\beta}\left[\Delta \beta_{ref}(t) - \Delta \beta(t)\right] \tag{2.45}$$

由式（2.39）可得

$$\Delta v(t) = \frac{1}{2-\gamma}\Delta T_{\omega t}(t) - \frac{\gamma}{2-\gamma}\Delta \omega_1(t) - \frac{\zeta}{2-\gamma} \tag{2.46}$$

对式（2.39）两边微分，并将式（2.32）、式（2.45）和式（2.46）代入，可得

$$\Delta T_{\omega t}(t) = \left(\frac{\gamma}{J_T} - \frac{1}{T_\omega}\right)\Delta T_{\omega t}(t) + \frac{\gamma}{T_\omega}\Delta \omega_1(t) + \left(\frac{\zeta}{T_w} - \frac{\zeta}{T_\beta}\right)\Delta \beta(t)$$

$$- \frac{\gamma}{J_T}\Delta T_G(T) + \frac{\zeta}{T_\beta}\Delta \beta_{ref}(t) + \frac{2-\gamma}{T_\omega}e(t) \tag{2.47}$$

以 $\boldsymbol{x}(t) = \begin{bmatrix} \Delta \omega_1(t) & \Delta \beta(t) & \Delta T_{\omega t}(t) \end{bmatrix}^T$ 为状态，以 $\boldsymbol{u}(t) = \begin{bmatrix} \Delta T_G(t) & \Delta \beta_{ref}(t) \end{bmatrix}^T$ 为风电机组输入，写成

$$\boldsymbol{x}(t) = \boldsymbol{A}\boldsymbol{x}(t) + \boldsymbol{B}\boldsymbol{u}(t) + \boldsymbol{L}\boldsymbol{e}(t) \tag{2.48}$$

其中
$$\boldsymbol{A} = \begin{bmatrix} 0 & 0 & \dfrac{1}{J_{\Gamma}} \\[2ex] 0 & -\dfrac{1}{\Gamma_{\beta}} & 0 \\[2ex] \dfrac{\gamma}{\Gamma_{\omega}} & \dfrac{\zeta}{\Gamma_{\omega}} - \dfrac{\zeta}{\Gamma_{\beta}} & \dfrac{\gamma}{J_{\Gamma}} - \dfrac{1}{\Gamma_{w}} \end{bmatrix}$$

$$\boldsymbol{B} = \begin{bmatrix} -\dfrac{1}{J_{T}} & 0 \\[2ex] 0 & \dfrac{1}{T_{\beta}} \\[2ex] -\dfrac{\gamma}{J_{T}} & \dfrac{\zeta}{T_{\beta}} \end{bmatrix}$$

$$\boldsymbol{L} = \begin{bmatrix} 0 \\[1ex] 0 \\[1ex] \dfrac{2-\gamma}{\Gamma_{\omega}} \end{bmatrix}$$

在额定风速以上，叶尖速比 λ 和桨距角 β 在稳定点处随时间的变化而变化，因此其相关函数 $\zeta(\lambda, \beta)$ 和 $\gamma(\lambda, \beta)$ 也不固定，变化范围从仿真的结果看也是很小的，基本上没有什么变化。

2.4 系统的控制策略

2.4.1 风电机组运行区域

本书根据风电机组的功率特性及风速情况，可以把机组的运行按四个区域进行划分。在每个运行区域，它的运行目标都不相同，而且对风电机组中转矩和桨距角的控制侧重点也不同。

(1) 第一个区域为启动区。当风速满足风电机组的启动条件并且达到启动风速时，风速由零迅速上升到切入风速。在切入风速以下这个阶段，发电机与电网处于脱离状态，当风速到达切入风速或大于切入风速时，发电机的转速会迅速上升到达电网，风电机组才能发电。启动区的主要任务是实现发电机的并网控制，然后风电机组的控制系统可以调节风电机组的转速，主要是通过控制变桨距来改变桨距角来实现的，并且在一个许可范围内变化使桨距角保持恒定，为了满足并网的条件可以调节发电机的定子电压，控制发电机的转速保持恒定状态。

(2) 第二个区域为最佳叶尖速比区。即并入电网后在额定风速以下运行的区域，这个阶段主要是把风力机捕获的风能在发电机中转换成电能，然后再把这部分电能并网输送到电网。根据风电机组的转速可以把这阶段划分成变速运行区和恒速运行区两个部分，当风电机组运行的转速比最大允许转速小时，此时风电机组运行在变速运行区内。在这个区域里主要是为了最大限度地利用风能，控制的目标是实行最大风能追踪，提高风电机组的发电效率。在第二个区域进行最大风能追踪时，风电机组对定桨距进行调节，可以通过控制输出功率对风电机组的转速进行控制，因此实现变速恒频运行。在这个区域时，桨距角可以设定为最优桨距角，根据风速变化转矩控制器对应的转速进行调节，确保风能利用系数 C_p 一直保持在最大值 C_{pmax} 状态。

（3）第三个区域为恒转速运行区。当风电机组的转速最大允许值被超过时则进入恒转速区域。在此区域主要是保护风电机组不受损坏，而不进行最大风能追踪，因此将风电机组的转速限制在最大允许转速值。在恒速运行区域，发电机控制系统完成控制任务，也可以通过风电机组变桨距系统完成。即可以由转矩控制来完成，还可以由桨距角控制来完成，由于此时功率还没上升至额定功率，因此桨距角控制可能会影响到功率输出，这里该阶段控制任务仍由转矩控制完成。

（4）第四个区域为恒功率区。由于风速和功率的不断增大，将达到额定的转矩，必须控制风电机组的功率小于额定功率，这样转矩给定量基本保持恒定。随着风速的增大，桨距角增大和转速降低都可能限制着功率的增加，其中桨距角的变化更为显著。因此在这个区域，为了免受风电机组各部件的机械强度和疲劳强度的限制，主要通过桨距角控制限制风轮获取的能量，使风电机组保持在额定功率点发电，控制目标尽可能地提高风电机组风能的转换效率并保证风电机组获得平稳输出功率。

综上所述，随着风速的变化，风电机组的不同运行区域，它们的控制方法和目标各不相同，如图 2.11 所示。其中：OA 为启动区，在这个阶段主要对发电机进行并网控制，而无功率输出；AB 段中的 T_2 到 T_3 阶段为风电机组变速运行区，随着风速的变化风电机组做变速运行，保持 C_p 恒定以便能追踪最大风能；AB 段中的 T_3 到 T_4 阶段为恒速运行区，在这个阶段功率随着风速的增大而上升，但是机组的转速保持不变；BD 段为恒功率区，在这个阶段转速随着风速的增大而下降，从而保持功率的恒定。

2.4.2　风电机组控制策略

根据变速恒频双馈风电机组各种风况和运行区域，还有控制目标的不同，可将控制策略分为：在额定风速以下时，尽量提高风能的利用率，从而实现转速控制或最大风能追踪控制，以便限制风电机组转速或获得最大的能量；在额定风速以上时，为了维持额定功率的输出，额定风速以下到额定风速以上中间的过渡阶段主要是抑制阵风的扰动。因此，各个阶段的控制策略也不相同。

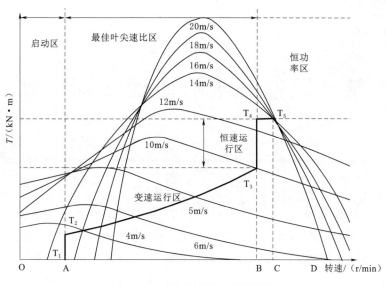

图 2.11　风轮的转矩—转速曲线

　　本章针对双馈风电机组的最大功率追踪提出了风速分频的发电机转矩控制策略,实现低风速段高效率的风能转换,并设计转矩控制器;在额定风速以上时,对变桨进行控制,主要是对桨距角的控制,并设计了变桨控制器,除此还充分考虑风电机组的转矩与变桨距两种控制策略相互耦合的关系,提出了两种策略统一协调控制方法,即 PI 控制和 LQG 控制方法相互协调进行;在过渡阶段提出新型的基于风速估计的前馈补偿最优功率控制策略,目的是在不同运行状态之间的过渡过程迅速平滑,能有效降低系统的动态载荷。

2.5　本章小结

　　本章主要讲述了风电机组的组成,并在其基础之上建立了风电机组的风轮模型、传动链模型、变桨机构模型、固定点风速模型、风电机组的稳态模型、风电机组的动态模型等。分析风电机组的运行区域,并详细地说明在各个区域转矩和桨距角控制目标各有侧重,为后续章节各种控制算法和最优研究奠定基础。

第 3 章

基于风速分频的最优功率控制

风电机组的功率控制通常由变桨系统对桨距角的调节和变流器对发电机转矩控制来实现，而这一控制过程通常是以风轮的速度反馈为基础。由于受到湍流和阵风的影响，风轮的转速具有明显的波动性，进而会影响风电机组的输出功率。本章提出一种基于风速分频的稳态动态最优功率控制方法，主要是抑制风扰动对风电机组桨距角和发电机转矩的影响，提高风电机组功率控制的稳定性，减小风轮转速和输出功率的波动。

3.1 实时风速的稳态动态分频

3.1.1 风速的频谱特性

风轮叶片上某点的风速波动包含一个确定部分和一个随机部分，将与转轴中心相距 r 处的某个点进行分析。

1. 确定性波动

风速在叶片上某点波动的确定部分是由风速切变和塔杆阴影效应引起的。

风速切变与给定点风速地面之间的高度有关。它是由接近地面处空气的流动所引起摩擦产生的。风速切变通常表示为

$$v_s(z) = v_s(z^{ref}) \cdot \frac{\ln(z/z_0)}{\ln(z^{ref}/z_0)} \tag{3.1}$$

式中 z——风速计算点处离地面的高度；

z^{ref}——参考高度，一般取 $z^{ref} = 10\text{m}$；

z_0——粗糙面长度，m。

当风轮叶片以 ω_1 的速度旋转时，$z(t)$ 会呈现周期性的变化，变化范围为 $[h-r, h+r]$，变化规律可以表示为

$$z(t) = h + r\cos(\omega_1 t + \varphi_0) \tag{3.2}$$

式中　h——轮毂距地面的高度；

φ_0——叶片的初始位置角。

将式（3.2）代入式（3.1），可以看到风速 $v_s[z(t)]$ 包含一个周期变化的部分。

当叶片旋转到塔杆前，塔杆阴影效应引起风转矩波动的减小。而且当叶片旋转到塔杆前时，所考虑点（即离转轴距离为 r 处）的风速也会相应减小。风电机组的塔杆阴影模型可以表示为

$$v_t(t) = v_s a^2 \frac{x^2(t) - y^2(t)}{[x^2(t) + y^2(t)]^2} \tag{3.3}$$

式中　　　　a——塔杆的直径；

$x(t)$ 和 $y(t)$——所计算的点指向塔杆中心点的横向和纵向距离。

2．随机波动

风速湍流部分纵向旋转采样功率频谱的分析和测定都依赖于湍流频谱分析。

（1）确定发电机外部前方一个固定点的湍流风速自相关函数。

$$K_{v_t}(\tau) = \frac{2\sigma^2}{T\left(\dfrac{1}{3}\right)} \left[\frac{\dfrac{\tau}{2}}{1.34 L_t v_s}\right]^{1/3} K_{1/3}\left(\frac{\tau}{1.34 L_t v_s}\right) \tag{3.4}$$

式中　　σ——标准差；

L_t——动荡长度；

$T(\cdot)$——伽马函数；

$K_{1/3}(\cdot)$——修改后的贝塞尔函数，它的阶数为 1/3。

（2）推导出叶片上固定处风速湍流部分的自相关函数。假设在一个时间间隔 τ 后，发电机外部前方纵向 s 处的风速到达叶片的固定点处。两点处风速波动的互相关联的函数为

$$K_{v_t}(r, \tau) = \frac{2\sigma^2}{\Gamma\left(\dfrac{1}{3}\right)} \cdot \left[\frac{\dfrac{s}{2}}{1.34 L_t}\right]^{1/3} \cdot \left[K_{1/3}\left(\frac{s}{1.34 L_t}\right)\right.$$

$$\left. + \frac{s}{2(1.34 L_t)} K_{2/3}\left(\frac{s}{1.34 L_t}\right) \cdot \left(\frac{2r\sin(\omega\tau/2)_1}{s}\right)^2\right] \tag{3.5}$$

其中　　　　$$s = \left[v_s^2\tau^2 + 4r^2\sin^2\left(\frac{\omega_1\tau}{2}\right)\right]^{1/2} \tag{3.6}$$

（3）基于自相关函数［式（3.5）］，确定功率频谱密度。图 3.1 给出了两个点处的情况，分别为距离转轴 $r_1 = 15$m 和 $r_2 = 30$m 处。可以看到 r 越大，频率为 $i\omega_1/(2\pi)$ 处的功率集中程度就越高。当 $r = 0$ 时，可以得到固定点湍流的功率频谱密度。

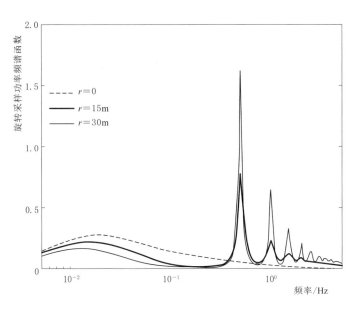

图 3.1 不同旋转轴距离的旋转采样功率频谱

3.1.2 风速分频原则及方法

由于风速具有多时间尺度的特性，风速可分为稳态风速和动态风速。稳态风速 $v_s(t)$ 决定风电机组的平均运行点，动态脉动风速 $v_t(t)$ 在平均运行点附近引起风电机组的暂态响应，形成风电机组的稳态动态结构。这就是所谓的稳态动态分离原理。图 3.2 为稳态动态分离原理的示意图，是由稳态和动态叠加在一起而构成的风电机组全局响应。具体的叠加方式如 2.3 节中所述，在此以风轮转矩 $T_{\omega t}$ 为例，详细叙述如下：

对应稳态风速 $v_s(t)$，$T_{\omega t}$ 的稳态分量

$$\overline{T_{\mathrm{wt}}} = \frac{1}{2}\pi\rho R^3 v^2 C_{\mathrm{T}}(\lambda) \tag{3.7}$$

对应归一化动态风速 $\overline{\Delta v}(t)$，$T_{\omega t}$ 的归一化稳态分量

$$\overline{\Delta T_{\mathrm{wt}}} = \gamma \cdot \overline{\Delta \omega_{\mathrm{t}}} + (2-\gamma)\overline{\Delta v} \tag{3.8}$$

则对应风速 $v(t)$ 的风轮转矩

$$T_{\omega t} = \overline{T_{\omega t}} + \overline{\Delta T_{\omega t}} \cdot \overline{T_{\omega t}} \tag{3.9}$$

根据风速的稳态动态特性，在风速稳态动态分频的基础上，本章提出了在不同工况下的发电机转矩和桨距角控制方法，以解决湍流和阵风对风电机组功率控制的扰动。

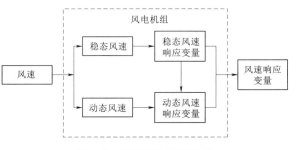

图 3.2 风速稳态动态分离

根据稳态动态分离原则和模块化设计思路，风电机组变桨和发电机转矩控制的每一个模块能够分别满足一个或一组性能要求。这种方案在频率模型的通频带上建立互不相关的模块，每一个模块对应于一种控制目标要求的动态性能。换言之，这种控制的基本思想是频率可解耦。因此，如果在各个频率范围内有不同的目标要求且系统在此范围内由一个或多个有效风速组成部分所激励时，就可以分别对控制进行独立设计。这样，累加整体指标内的各个独立目标所对应的控制模块就可以获得整体控制方案。

3.2 低风速工况下发电机转矩控制

3.2.1 基于风速分频的发电机转矩控制策略

当风速介于切入风速与额定风速之间时，风电机组所吸收的风能比发电机的额定功率稍小，叶片的气动性能随风速变化的同时，发电机的功率也随之而改变。在这个阶段，主要控制目的是最大化利用风能，即通过对发电机转速进行控制，从而追踪最佳的功率系数曲线，因此可以获得最大的风能。同时，发电机转矩则会因为风速的随机变化而具有振荡性，这样就会影响到电机甚至整个风电机组的可靠运行。由此可知额定风速以下时，风电机组的另一个重要目的就是尽可能地降低发电机的转速振荡。

根据扰动风速分离原理，将风速分解为稳态部分和动态脉动部分。对稳态模型可以设计稳态控制器，构成稳态环，然后跟踪其最佳值以便在稳态风速下最大化的捕获风能；对动态模型可以设计动态控制器，构成动态环，这样可以使系统机械振荡和功率误差达到最小，实现参考转矩的归一化，即解耦部分；最后把两种状态下得到的总参考转矩，作为风电机组最优控制的输入。控制器的结构框图如图 3.3 所示。

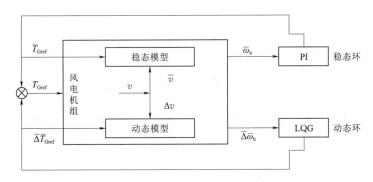

图 3.3　稳态动态环结构简图

3.2.2 发电机转矩稳态 PI 控制器设计

低风速工况下，稳态最优目的是保持最优叶尖速度比 λ_{opt}，它可以通过两种方式得到。

（1）对相应于低频风速的 v_s 的低速轴转速 $\overline{\omega}_{1ref}=\lambda_{opt}/Rv_s$ 进行跟踪。

（2）对最大风力进行跟踪 λ_{opt}。

因此，稳态环可以基于速度控制器来实现，这种控制器可以是 PI 控制器。

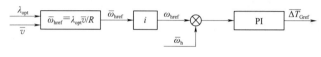

图 3.4　稳态 PI 控制

3.2.3　发电机转矩动态 LQG 最优控制器设计

额定风速以下，风电机组通过控制发电机的转速从而捕获最大风能，与此同时还对电磁转矩振荡进行抑制避免其过大，从而提高风电机组运行的可靠性。动态环控制回路如图 3.5 所示。

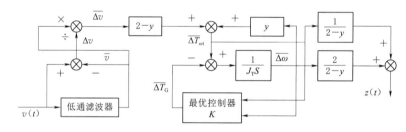

图 3.5　动态环控制回路

1. 风电机组控制最优目标的确定

扰动对最佳尖速比的影响最小，即

$$J_{g1}=E\left\{\int_0^\infty \left[\Delta\lambda(t)\right]^2 \mathrm{d}t\right\} \rightarrow \min \tag{3.10}$$

发电机转矩波动最小，即

$$J_{z2}=E\left\{\int_0^\infty \left[\Delta T(t)\right]^2 \mathrm{d}t\right\} \rightarrow \min \tag{3.11}$$

上述两个最优的目标可以表示为

$$J_{g1}=E\left\{\int_0^\infty x^\mathrm{T}(t)C^\mathrm{T}Cx(t)\mathrm{d}t\right\} \rightarrow \min \tag{3.12}$$

$$J_{g2}=E\left\{\int_0^\infty \left[u^\mathrm{T}(t)Nu(t)\right]\mathrm{d}t\right\} \rightarrow \min \tag{3.13}$$

综合两个最优目标，在额定风速以下工况，发电机转矩稳态动态最优控制的目标确定为

$$J_g=\alpha J_{g1}+J_{g2}=E\left\{\int_0^\infty \left[x^\mathrm{T}(t)C_a^\mathrm{T}C_a x(t)+u^\mathrm{T}(t)Nu(t)\right]\mathrm{d}t\right\} \rightarrow \min \tag{3.14}$$

式中 α——权重系数。

2. 控制器的设计

LQG 控制策略的结构如图 3.6 所示，其中 y' 代表预测测量，x' 代表预测状态。气动转矩通过卡尔曼滤波器估计，其中输入是风速、参考转速和桨距角。卡尔曼滤波器提前预测状态，并估计测量输出。考虑到预测的误差，需要校正更新状态变量，因此

$$x_{k+1} = x'_{k+1} + M(y'_k - y_k) \tag{3.15}$$

其中，假设对风电机组系统起作用的随机扰动是高斯扰动，矩阵 M 是从风电机组系统的动态计算得来的，并且扰动服从预测误差 $(y'_k - y_k)$ 平方的期望总和最小化。

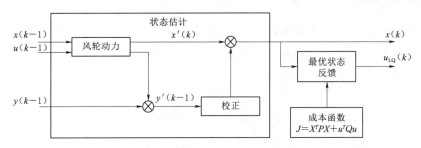

图 3.6　控制系统的 LQG 和状态估计

在设计 LQG 方面，线性模型利用二次型代替函数 J 来定义控制器目标或制定成公式化，这种收益率控制并支配它的控制范围，即

$$u_{LQ}(t) = -Gx(t) \tag{3.16}$$

其中最优状态反馈矩阵 G 通过最小化 J 的期望值来获得，即

$$J = x^\mathrm{T}Px + u^\mathrm{T}Qu \tag{3.17}$$

在式（3.17）中，P 是对称的，半正定的加权状态，满足代数算法方程，而 Q 是对称的正定加权的控制输入。J 没有物理意义，它只是提供去权衡互相矛盾变量的一个方法：状态调控与控制的使用方法。然而，应该指出的是，尽管 LQG 控制器设计应当简单和直观，这个方法也会产生相当高阶的控制器。

3.3　高风速工况下变桨控制

3.3.1　基于风速分频的变桨控制策略

在风速高于额定风速的情况，根据风速分频的状态可以很好地解决在风速测量时所带来的桨距角调节惯性以及滞后问题，这样就可以整体改善变桨控制的动态性能。

为了发挥桨距角控制作用，使它的控制效果更明显、转矩控制反应速度快等特点，系统还把分频的焦距角和传统的闭环控制结合在一起，起到一定的作用：一方面为了保证输出功率的整体平衡，对风电机组的能量控制主要通过改善后的桨距角来执行；另一方面，加以平滑输出功率，通过控制器及时进行转矩调节，两者之间可以相互协调、优势互补，既保证输出功率的稳定与平滑，又可以减少转矩波动，因此能取得很好的控制效果。风电机组控制结构如图 3.7 所示。

稳态环能够保持功率稳定在额定值，得到桨距角及参考转矩的稳态部分；动态环让风电机组的机械振荡及功率的误差达到最小值，得到桨距角及参考转矩的动态部分；最后得到总的桨距角及参考转矩，把它作为风电机组的控制输入。

3.3.2 变桨稳态 PI 控制器设计

在该设计方法中，通常采用的控制算法是经典 PI 控制，目的是为了使转子转速和功率都保持在额定值，桨距角主要用实际功率和额定功率的误差来控制，电磁转矩用转速误差来控制，如图 3.8 所示。

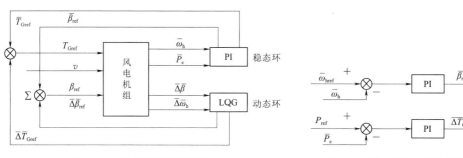

图 3.7　风电机组控制结构　　　　　图 3.8　稳态环 PI 稳态控制

3.3.3 变桨动态控制器设计

额定风速以上，风电机组的具体控制目标如下：

（1）发电机功率 P_e 保持在其额定值 P_{eref}，P_e 在 P_{eref} 处的变化量最小，即

$$J_{z1} = E\left\{\int_0^\infty \left[\Delta P_e(t)\right]^2 dt\right\} = E\left\{\int_0^\infty \left[P_e(t) - P_{eref}\right]^2 dt\right\} \to \min \qquad (3.18)$$

（2）传动系统机械振荡最小，即

$$J_{Z2} = E\left\{\int_0^\infty \left[\Delta T_G(T)\right]^2 dt\right\} \to \min \qquad (3.19)$$

（3）风轮变桨距的机械振荡最小，即

$$J_{Z3} = E\left\{\int_0^\infty \left[\Delta \beta(t)\right]^2 dt\right\} \to \min \qquad (3.20)$$

式中　$\Delta \beta(t)$——桨距角 $\beta(t)$ 处在其稳态值时的变化量，风轮桨叶振荡时的情况。

$$J_{g} = \min E \left\{ \int_{0}^{\infty} \left[\alpha \left[\overline{\Delta P_{e}}(t) \right]^{2} + \delta \left[\overline{\Delta \beta_{ref}}(t) \right]^{2} + \varepsilon \left[\overline{\Delta T_{G}}(t) \right]^{2} \mathrm{d}t \right\}$$

$$= \min E \left\{ \int_{0}^{\infty} (x^{\mathrm{T}} Q x + 2 x^{\mathrm{T}} N u + u^{\mathrm{T}} R u) \mathrm{d}t \right\} \qquad (3.21)$$

3.4 仿真研究与结果分析

3.4.1 仿真条件的确定

为了验证基于风速分频的稳态动态控制的性能，针对沈阳工业大学设计的 3MW 双馈变速恒频风电机组（主要参数见附录），在 GH Bladed 软件中实现该算法，并针对不同的风速在典型工况下进行仿真试验。

风电机组中目前应用最广泛最成熟的变桨距控制器是 PI 控制器，本书为了验证控制器的性能并且方便实验分析，分别对稳态动态控制器和 PI 变桨距控制器在相同的风况下进行仿真，对得到的仿真结果进行分析。

仿真所采用的风况在风轮扫略范围内进行定义，湍流风定义的区间如图 3.9 所示。

在风电机组中，变桨距与发电机转矩在不同风速下控制策略是不同的，本书为了验证各种工况下控制器的性能，在模拟风况时，考虑到额定风速以下和额定风速以上的运行区域，因此分两种工况进行分析。

（1）低风速湍流工况。在低风速工况时，平均风速为 6m/s，湍流风持续的时间为 60s，垂直方向、侧向和纵向的湍流强度分别为 15.29%、21.27% 和 26.99%，其中采用指数模型作为垂直剪切的形式，认定的切变指数为 0.2。在低风速工况下，主要目的是测试

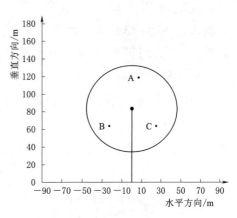

图 3.9　湍流风定义的区间

传动系统扭矩的载荷控制策略。低风速湍流工况的风速变化如图 3.10 所示。

（2）高风速湍流工况。在高风速工况时，平均风速约 18m/s，湍流风一般持续时间为 60s，垂直方向、侧向和纵向的湍流强度分别为 8.42%、11.25% 和 14.56%，其中采用指数模型作为垂直剪切的方式，认定的切变指数为 0.2。在高风速工况下，主要目的是测试风轮动态的不平衡载荷和传动系统的扭转载荷控制策略，高风速湍流风起始状态如图 3.11 所示。高风速湍流工况风速变化如图 3.12 所示。

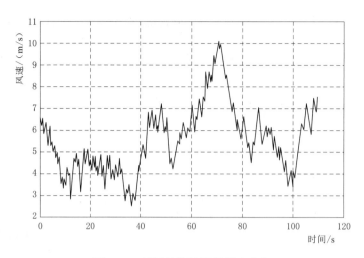

图 3.10　低风速湍流工况风速变化

3.4.2　低风速工况下发电机转矩控制仿真

图 3.13 为低风速工况下，给定两种控制器发电机转矩目标变化曲线对比情况，实线为 PI 发电机转矩控制器数据，虚线为 LQG 控制器的数据。

图 3.14 为两种控制器控制下的风电机组风轮转速的变化曲线对比，上面实线为 PI 发电机转矩控制器数据，下面虚线为 LQG 控制器的数据。

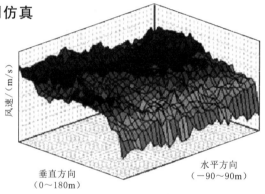

图 3.11　高风速湍流风起始状态

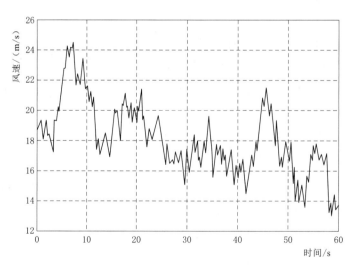

图 3.12　高风速湍流工况风速变化

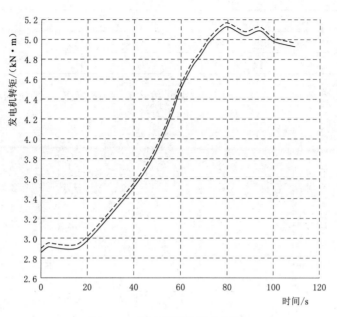

图 3.13　发电机转矩变化对比

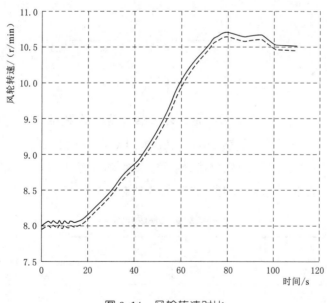

图 3.14　风轮转速对比

表 3.1 为风轮转速数据的统计分析结果，从曲线和统计数据均可以看出在 LQG 控制器控制下风轮转速的波动得到了一定的抑制。

高风速湍流工况的风速变化如图 3.12 所示。

图 3.15 和图 3.16 为在两种控制器控制下的，风电机组发电机输出功率和传动系

表 3.1   风轮转速数据的统计分析

控制器	单位	最小值	平均值	最大值	标准方差
PI	r/min	7.95937	9.49631	10.7105	1.04576
LQG	r/min	7.96389	9.46188	10.6635	1.02638

统扭矩的变化曲线对比，实线为 PI 发电机转矩控制器数据，虚线为 LQG 控制器的数据。

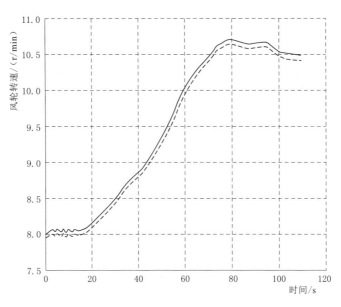

图 3.15   发电机输出功率对比

表 3.2 和表 3.3 统计结果显示的是齿轮箱转矩和发电机输出功率的数据，在这两种控制方法下它们的平均值相差很小，齿轮箱扭矩和发电机的标准方差都有明显下降。可以得出在该种工况下，为了不影响风电机组功率输出，齿轮箱扭矩波动的幅值会有明显的下降，而传动系统扭矩的波动也得到有效控制。

表 3.2   齿轮箱转矩数据统计结果

控制器	单位	最小值	平均值	最大值	标准方差
PI	kW	130.852	268.406	390.159	99.9319
LQG	kW	133.027	267.96	390.089	98.1598

表 3.3   发电机输出功率的数据统计结果

控制器	单位	最小值	平均值	最大值	标准方差
PI	kN·m	170.428	359.578	548.848	85.217
LQG	kN·m	184.621	360.304	534.905	82.2024

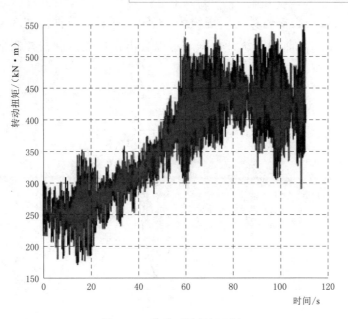

图 3.16　传动系统扭矩对比

3.4.3　高风速工况下变桨控制仿真

图 3.17 表示的是在高风速湍流工况下，两种控制器给定的桨距角目标的变化曲线对比，实线为 PI 发电机转矩控制器数据，虚线为 LQG 控制器的数据。

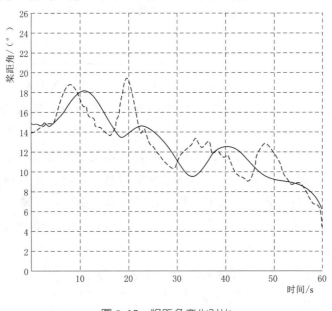

图 3.17　桨距角变化对比

图 3.18 表示的是在两种控制器控制下，风电机组的风轮转速变化曲线对比图，

实线为 PI 发电机转矩控制器数据，虚线为 LQG 控制器的数据。表 3.4 为风轮转速数据的统计分析结果，从曲线和统计数据均可以看出在本文控制器控制下风轮转速的波动得到了一定的抑制。

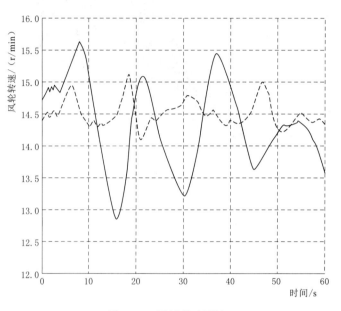

图 3.18　风轮转速对比

表 3.4　　　　　　　　　　　　　　　风轮转速数据的统计分析结果

控制器	单位	最小值	平均值	最大值	标准方差
PI	r/min	10.58729	9.74871	15.6345	6.38091
LQG	r/min	14.0732	14.5518	15.1392	0.21897

图 3.19 和图 3.20 为在两种控制器控制下的，风电机组发电机输出功率和传动系统扭矩的变化曲线对比，虚线为 PI 发电机转矩控制器数据，实线为 LQG 控制器的数据。

表 3.5 和表 3.6 统计结果显示的是齿轮箱转矩和发电机输出功率的数据，两种控制方法下齿轮箱转矩和发电机输出功率的平均值相差很小，在这两种控制方法下它们的平均值相差很小，齿轮箱扭矩和发电机的标准方差都有明显下降。可以得出在该种工况下，为了不影响风电机组功率输出，齿轮箱扭矩波动的幅值会有明显的下降，而传动系统扭矩的波动也得到有效控制。

表 3.5　　　　　　　　　　　　　　　齿轮箱转矩的数据统计结果

控制器	单位	最小值	平均值	最大值	标准方差
PI	kW	2002.76	2009.01	3170.59	1447.31
LQG	kW	2008.73	2917.51	3102.52	185.781

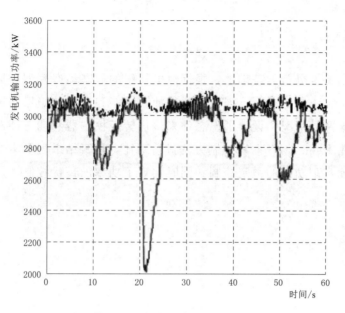

图 3.19　发电机输出功率对比

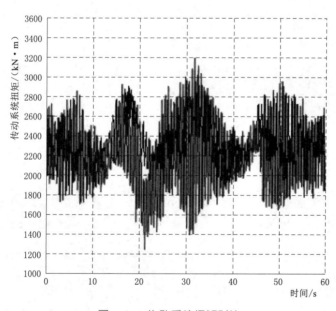

图 3.20　传动系统扭矩对比

表 3.6　　　　　　　　　　　发电机输出功率的数据统计结果

控制器	单位	最小值	平均值	最大值	标准方差
PI	kN·m	524.069	1515.05	2952.78	1164.74
LQG	kN·m	1221.64	2201.16	3190.02	326.464

3.5　本章小结

在风速频谱特性分析的基础上，根据风电机组的稳态动态模型和风速的稳态动态分离原理，对两种不同工况下，把最大化的捕获风能和电磁转矩振荡最小作为最小化为目标，针对这两种情况，设计了稳态环来最优转矩控制器和动态环动态最优变桨控制器。并分别用 PI 和 LQG 两种控制方法进行对比，仿真结果表明本文设计的稳态动态最优控制器能实现功率的恒定控制，同时实现了功率的最优控制，风轮转速波动明显得到了抑制。

第 4 章

基于风速估计的前馈补偿最优功率控制

由于风电机组复杂的机械阻尼和大惯量等强非线性因素的存在，增大了控制策略设计与实现的难度。对于变速恒频风电机组而言，风电机组控制器设计是实现发电控制策略的重要环节。第 3 章针对传统方案所存在的问题，提出了新型的控制策略，针对额定风速以下和额定风速以上两种不同工况，以能量最大捕获和电磁转矩振荡最小为控制目标，分别设计了稳态环最优控制器及动态环 LQG 最优控制器，以便实现功率的最优控制。

第 3 章将风速分解为稳态风速和动态风速，即额定风速以下和额定风速以上两种不同工况，当系统运行在切换点附近时，会出现控制回路频繁切换，引起系统的振荡，为了减少这种状况，传统方案需要在切换点附近引入较大的比较环宽，但是降低了风电机组的运行效率。本章针对这一问题，提出新型的基于风速估计的前馈补偿最优功率控制策略，目的是在不同运行状态之间的过渡过程迅速平滑，能有效提高运行效率，最后通过仿真和实验来验证该策略的可行性和有效性。

4.1 额定工况的过渡最优控制策略

在由额定风速以下向额定风速以上变化时，如果风力不够，风电机组就不能保持恒功率运行，这样必须从恒功率控制转换到最优叶尖速比曲线来改善气动效率。相反，从最优叶尖速比曲线到恒功率曲线时要保证额定功率输出和减小系统载荷。图 4.1 是一个典型的风电机组的功率曲线，由一个线性过渡曲线连接最佳叶尖速比曲线（额定功率以下）与恒功率曲线（额定功率以上）而形成的曲线。在恒功率时，虚线的延伸表示过渡期最优目的，对于快速增加的风速，允许发电机转矩适量升高，主要是以风轮动能的形式将瞬间变化的风能储存起来，此时转速反比例下降确保输出功率的恒定。

在额定工况附近的最优可以通过使用发电机组过转矩能力、变桨距和转矩控制相互作用共同实现。可以分为两种情况。

（1）由额定风速以下向额定风速以上过渡。表现为恒功率曲线延长，转速低于额

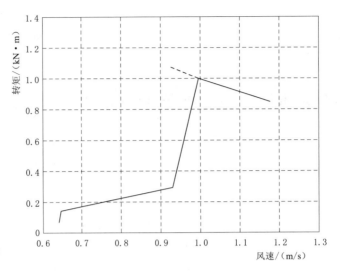

图 4.1　变速风电机组的功率曲线（T-V）

定值，直到转矩达到极限，模拟的虚线为了降低转子的速度，目的是为了防止超速；如果转子速度超过其额定值，从最佳叶尖速比曲线切换到恒功率曲线时，可以与桨距控制共同作用；当风速迅速上升，由最佳叶尖速比工作区转到恒功率工作区时，前馈补偿控制能够启动，以防止转矩冲到上限时的瞬间过速。

（2）由额定风速以上向额定风速以下过渡。当转子速度低于额定速度且桨距角在最优桨距角时，桨距角的控制由恒功率控制转变为基于风速的前馈补偿控制，直到转矩返回到最佳叶尖速比的曲线上运行。

4.2　前馈风速估计最优控制研究

在风速变化的情况下变桨距控制目的主要是随时可以保证输出功率的恒定。在额定风速以上运行时，风速作为风电机组一个可测的外部扰动量，这样可以构成前馈控制器。它的作用是根据风速给出合适的桨距角作为控制得前馈值，卡尔曼滤波器算出的桨距角与之相加，作为风电机组变桨距中桨距角的设定值。随着风速的逐渐增大，桨距角设定值也能被前馈控制器及时调整，从而使桨距角增大，风轮吸收的风能减小。反之，桨距角设定值被前馈控制器调整，从而使桨距角减小，风轮吸收的风能增加，因此可以维持额定风速以上的恒定功率。通过上述前馈控制器的作用，能够有效地克服因为 PID 控制器调节所引起滞后的缺点。

4.2.1　风速估计

由于风电机组所处的风场环境是三维时变的，在整个风轮旋转平面上的风速分布也不相同，并且受各种因素的影响，如塔架、地表粗糙度、湍流和风切变等。因此根据风速仪测量得出的风速，把它用来调节功率不太准确，即便由风速仪测得的风速可以作为准确风速来计算，只不过是某一点的风速而已，所受的有效风速和整个风轮旋转平面相比差别很大，不能直接测量有效风速。因此需要建立有效风速的预估模型来获得有效风速，这种风速预估模型主要由气动转矩的估计和预估风速值两部分组成，本文把风电机组作为风速仪的方法来计算。

1. 气动转矩的估计

本文采用牛顿—拉夫逊算法，在风轮转速和气动转矩估计值的基础上来预估有效风速值。

风电机组的气动转矩表达式为

$$T_a = \frac{1}{2}\pi\rho R^3 v^2 C_T(\lambda) \tag{4.1}$$

同时也可表达为

$$T_a = J\omega + \frac{P}{\omega} + T_{LOSS} \tag{4.2}$$

式中　J——发电机的转动惯量；

　　　T_a——气动转矩；

　T_{LOSS}——转矩损失；

　　　P——发电机功率。如果不考虑 T_{LOSS}，平衡态时气动转矩和发电机电磁转矩平衡。根据 J 和 T_{LOSS}，能够确定传动效率。

2. 风速值的估计

估计风速值将是一个虚拟风轮均匀风速的（延迟）近似值，v_w 代表有效风速，那么 T_a 和 v_w 的关系依据式（4.1）描述为

$$C_T(\theta,\lambda) \cdot \frac{1}{2}\rho\pi R^3 v_\omega^2 = T_a \tag{4.3}$$

$$T_a = \frac{1}{2}C_T\rho\pi R^3 v^2 \tag{4.4}$$

$$C_T = \frac{C_p}{\lambda} = \frac{0.22\left(\frac{116}{\lambda_i} - 0.4\theta - 5\right)e^{-\frac{12.5}{\lambda_i}}}{\lambda} \tag{4.5}$$

式中　C_T——转矩系数；

　　　C_p——风能利用系数。

将式（4.4）代入式（4.5）中，可得

$$T_a = \frac{1}{2}\frac{0.22\left(\frac{116}{\lambda_i} - 0.4\theta - 5\right)e^{-\frac{12.5}{\lambda_i}}}{\lambda}\rho\pi R^3 v^2 \tag{4.6}$$

将 $\dfrac{1}{\lambda_i}=\dfrac{1}{\lambda+0.08\theta}-\dfrac{0.035}{\theta^3+1}$ 代入式（4.6），可得

$$T_a=0.11\left[\dfrac{116}{\lambda(\lambda+0.08\theta)}-\dfrac{4.06}{\lambda(\theta^3+1)}-\dfrac{0.4\theta+5}{\lambda}\right]e^{-12.5\left(\frac{1}{\lambda+0.08\theta}-\frac{0.035}{\theta^3+1}\right)}\rho\pi R^3 v^2 \qquad (4.7)$$

将 $\lambda=\dfrac{\omega R}{v}$ 代入式（4.7）中可得

$$T_a=f(v,\theta,\omega) \qquad (4.8)$$

塔架位移在式（4.3）中被取消。如果有相关性，可以测量塔顶加速度，通过 v_ω 补偿由此造成的前后移动。

$$\lambda=\dfrac{\omega R}{v_\omega} \qquad (4.9)$$

$$\lambda=\dfrac{\omega R}{v} \qquad (4.10)$$

因为 C_T 依赖叶尖速比 λ，所以 T_a 和 v_ω 之间有一个隐含的关系。风电机组输入输出变量可以是桨距角、转速和发电机转矩，这些都是容易测量得到的，因此可以把转矩和桨距角的非线性函数表示为有效风速的模型。在风电机组运行范围内，$T_a=f(v_\omega)$ 并不总是一个在数学意义上的函数，即在风轮转速工作在最小桨距角的情况，由 T_a，ω 和 θ 决定的风速和转矩关系曲线上有不止一个风速 v_ω 的有效解，而在大桨距角时 $T_a=f(v_\omega)$ 有唯一的解。

4.2.2　牛顿-拉夫逊迭代

牛顿-拉夫逊法主要思想是用 $x^{k+1}=x^k-F'(x^k)^{-1}F(x^k)(k=0,1,\cdots)$ 进行迭代。因此首先需要算出 $F(x)$ 的雅可比矩阵 $F'(x)$，再通过 $F'(x)$ 求出它的逆 $F'(x)^{-1}$，当它达到确定精度（x_k）时即停止迭代。

具体算法如下：

（1）首先宏定义方程组 $F(x)$，确定步长 $x\_$ 和精度（x_k）。

（2）求 $F(x)$ 的雅可比矩阵 $F'(x)$。可以用 $\dfrac{\partial f_i(x_1,\cdots,x_j,\cdots,x_n)}{\partial x_j}=$ $\dfrac{f_i(x_1,\cdots,x_j+x\_,\cdots,x_n)-f_i(x_1,\cdots,x_j,\cdots,x_n)}{x\_}$ 求出雅可比矩阵。

（3）求雅可比矩阵 $F'(x)$ 的逆 $F'(x)^{-1}$。将 $F'(x)$ 右乘一个单位矩阵 $\begin{pmatrix} 1 & \cdots & 0 \\ \vdots & \ddots & \vdots \\ 0 & \cdots & 1 \end{pmatrix}$，通过单位矩阵变换实现求 $F'(x)$ 的逆，用指针来存储。

（4）雅可比矩阵 $F'(x)$ 与其逆 $F'(x)^{-1}$ 相乘。

(5) 用（4）步来迭代。

(6) 当精度 $x_{-}k_i$ 大于 $x_{-}k$ 时，重复执行（2）～（5）步，直到精度小于或等于 $x_{-}k$ 停止迭代，$x_{-}k_i$ 就是最后的迭代结果。其中：$x_{-}k_i = \sqrt{(x_1^{i+1}-x_1^i)^2, \cdots, (x_n^{i+1}-x_n^i)^2}$。

牛顿法解非线性方程组是一种线性方法，即将非线性方程组以一线性方程组来近似，由此构造一种迭代格式，用以逐次逼近所求的解案。可以证明 Newton 迭代至少是二阶收敛的，而且收敛速度快，因此牛顿法是解非线性方程的常规方法。

正因为 Newton 法思想直观自然，是最常用的，但该方法也有不足之处：Newton 法的每步迭代都要计算 $F'(x_k)$，它是由 n^2 个偏导数值构造的矩阵，有些问题中每个值可能都很复杂，甚至根本无法解析地计算。当 n 比较大时这部分是算法中耗费时间最多的，不仅如此，每步迭代还要解线性方程组为

$$F'(x_k)x = -F(x_k) \tag{4.11}$$

当 n 很大时（如由离散非线性偏微方程导出的非线性方程组，n 可能有 $10^4 \sim 10^6$ 甚至更多），其工作量非常大。其次，初值 x_0 在多种情况下限制的都比较严格，确保收敛初值在实际应用中给出也是很困难的。对于多解的非线性问题，所需要给出收敛解的初值难上加难。

根据值牛顿-拉夫逊迭代法，利用式（4.2）和式（4.3）快速收敛得出 v_ω，在忽略失速解的情况下 $T_a = f(v_\omega)$ 的值都是单调的，因此 v_ω 能够通过隐函数［式（4.2）和式（4.3）］求解。

$$v_\omega(k) = v_\omega(k-1) - \frac{[T_a - T_a(k-1)]}{\left(\dfrac{\mathrm{d}T_a}{\mathrm{d}v_\omega}\right) v_\omega(k-1)} \tag{4.12}$$

k 和 $k-1$ 分别代表时间离散情况的当前值和前一值，通常情况下，迭代 2 次或 3 次循环后 $|T_a - T_a^{k-1}|$ 和 $|v_\omega^k - v_\omega^{k-1}|$ 就能够达到精度要求。

式（4.3）中的气动力矩系数是一个非线性的函数，即

$$C_T(\beta, \lambda) = \sum_{i=1}^{N_\theta+1} \sum_{j=1}^{N_{\omega r}+1} C_{c_q}(i,j)\beta^{(j-1)}\lambda^{-(i-1)} \tag{4.13}$$

允许的最大风速估计的气动扭矩 $T_{v_w}^{\max}$ 即失速解，也是非线性的二维函数，即

$$T_{v_w}^{\max}(\beta, \omega) = \sum_{i=1}^{N_{\omega_r}+1} \sum_{j=1}^{N_\theta+1} C_{v_w}\max(i,j)\beta^{(j-1)}\omega_r^{(i-1)} \tag{4.14}$$

为了确保数值收敛，由一个特定的二维函数计算有效的初始风速估计，即

$$T_{v_w}^{\min}(\beta, \omega) = \sum_{i=1}^{N_{\omega_r}+1} \sum_{j=1}^{N_\theta+1} C_{v_w}\min(i,j)\beta^{(j-1)}\omega^{(i-1)} \tag{4.15}$$

这个函数也是非线性的，并且基于风速变动下能够有足够力矩的所有点。

为了避免有效/无效状态之间的过多转换，风速估计实际采用的气动扭矩限制是经过低通滤波和开关滞后的。然而最初的工作点想要保证收敛的话，风速估计应该从

0 开始，桨距角为 $4°$，那么它们的实际值采用的就应该是滤波后的值。

4.2.3 前馈控制

通过理论分析，从一个稳定的无延迟状态将风电机组的负荷与转矩变到另一个稳定状态。不过在实际情况下，要通过一段过渡过程使风电机组从一个稳态到另一个稳态，并保持着风电机组的稳定安全运行。因此在实际风电机组中一系列的阶梯斜坡设定值是由一个阶跃变化的目标值变化而成的，风电机组对控制任务的执行周期体现在阶梯的时间宽度上，升速率或升负荷率则体现在阶梯的幅度上，从而对过渡过程的转速和功率的控制，不仅需要控制转矩和功率，使它们的目标值达到最终精度，还要控制转矩与功率的变化率，对一些重要的电气设备和机械设备由于升降速过快可能对它们造成损害，因而可能降低风电机组的使用寿命。

风电机组最主要的影响控制品质、不可控制因素及最大的外部干扰是随机变化的风速。根据系统控制论可以把干扰分为内部干扰与外部干扰、不可测量干扰与可测量干扰。风速必须时刻监测风电机组运行中的重要变量，这是无法控制的，不过它属于可测量的外部干扰。传统控制受干扰频率高、干扰因素多时风电机组会呈现延迟，造成机组动态响应的快速性远远达不到理想状态。为了极大限度地消除风速的随机性外扰对机组的影响，因此在 PI 控制基础上可以加动态前馈控制，这样就大大地提高了动态控制品质。

通过干扰通道对风电机组进行作用，给风电机组附加一个前馈通道，让被测量的系统扰动主要通过前馈控制器对控制量进行改变，根据扰动附加的控制量和扰动对被控制量影响的叠加，从而减小或消除对干扰的影响。

根据控制理论可知，前馈控制器实现干扰并进行完全补偿的条件为

$$G_{\mathrm{d}}(s) = \frac{G_{\mathrm{f}}(s)}{G_2(s)} \tag{4.16}$$

由于风电机组传递函数 $G_{\mathrm{f}}(s)$ 和 $G_2(s)$ 是很难精确测定的，因此风电机组数学模型建立也是很难建立的，同时还需要大量数据对系统进行辨识，再加上系统的时变性和非线性都会给系统的辨识增加一定的难度。在实际应用中，通常根据系统控制对象的特征，把系统扰动通道函数和控制通道函数进行简化，最终化简为一阶或二阶的形式，即

$$G_{\mathrm{f}}(s) = \frac{K_{\mathrm{f}}}{T_{\mathrm{f}}s + 1} e^{-\tau f s} \text{ 或 } G_{\mathrm{f}}(s) = \frac{K_{\mathrm{f}}}{(T_{\mathrm{f}1}s + 1)(T_{\mathrm{f}2}s + 1)} e^{-\tau f s} \tag{4.17}$$

$$G_2(s) = \frac{K_2}{T_2 s + 1} e^{-\tau 2 s} \text{ 或 } G_2(s) = \frac{K_2}{(T_{21}s + 1)(T_{22}s + 1)} e^{-\tau 2 s} \tag{4.18}$$

$G_{\mathrm{f}}(s)$ 和 $G_2(s)$ 均可假定为一阶系统形式，则前馈控制器具有如下形式：

$$G_d(s) = \frac{K_f(T_2 s + 1)}{K_2(T_1 s + 1)} e^{-(\tau_f - \tau_2)} = -K_d \frac{T_{1d} s + 1}{T_{2d} s + 1} e^{-\tau_d} \qquad (4.19)$$

其中
$$K_d = K_f / K_2$$
$$T_{1d} = T_2$$
$$T_{2d} = T_f$$
$$\tau_d = \tau_f - \tau_2$$

式中　K_d——静态前馈系数。

式（4.19）所含有的时间常数为 T_{1d} 和 T_{2d} 的超前和滞后环节，都有对系统时间超前和滞后的补偿作用，在本文中动态前馈控制器采用的形式为

$$G_d(s) = -K_d \frac{T_{1d} s + 1}{T_{2d} s + 1} \qquad (4.20)$$

本书设计的前馈风速估计最优的控制框图如图 4.2 所示。

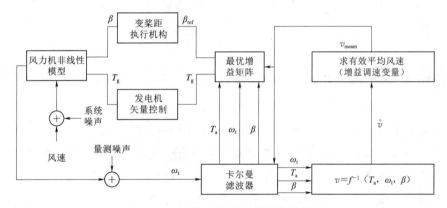

图 4.2　前馈风速估计最优的控制框图

针对风速大范围变化过程中可能造成风电机组稳态工作点发生变化的情况，采用原来工作点的线性化模型会造成模型的不精确性，影响控制的效果。因此，提出了基于扩展滤波的前馈风速估计方法，以估计出的有效平均风速作为控制器的增益调度变量，使控制器的各种参数随风电机组稳态工作点的变化而进行自适应调整。

4.2.4　桨距速度运行

1. 桨距速度的确定

估计风速 v，用来增加一个附加桨距角到现有的转子速度反馈控制，它可以用来有效防止阵风给风电机组造成的超速或停机，从而最优功率的输出。

目标桨距角 β 是保持风电机组在额定功率运行的给定值，它与估计风速 v_ω 和测量转速 ω_r 的关系为

$$C_p(\beta, \lambda) \cdot \frac{1}{2} \rho \pi R \cdot (v_\omega)^3 = P_N \qquad (4.21)$$

$$P_N = \frac{1}{2} C_p \rho \pi R^2 v^3 \tag{4.22}$$

推导过程为

$$P_N = 0.5\rho\pi R^2 v^3 \left[0.22\left(\frac{116}{\lambda} - 0.4\beta - 5\right)\right] e^{-\frac{12.5}{\lambda}} \tag{4.23}$$

其中

$$\lambda = \frac{\omega R}{v}$$

由式（4.21）～式（4.23）可以推导出

$$0.22\left(\frac{116}{\lambda} - 0.4\beta - 5\right)e^{-\frac{12.5}{\lambda}}v^3 = \frac{2P_N}{\pi R^2}$$

$$0.088\beta = \frac{25.22}{\lambda} - 1.1v^3 - \frac{2P_N}{\pi R^2}e^{\frac{12.5}{\lambda}}$$

$$0.088\beta' = \frac{25.22}{\omega R} - 2.2v^2 - \frac{2P_N}{\pi R^2} \times \frac{12.5}{\omega R}e^{\frac{12.5v}{\omega R}}$$

$$\beta' = \frac{286.6}{\omega R} - 25v^2 - \frac{284.1P_N}{\omega\pi R^3}e^{\frac{12.5v}{\omega R}} \tag{4.24}$$

当风速变化时，桨距角速度的选点 $\dot\beta$ 与风速 v 变化的关系为

$$\dot\beta = \beta' \cdot v_\omega \tag{4.25}$$

β' 已经根据式（4.24）求得。从控制的角度来看，式（4.25）表明估计风速对桨距角速度的微分增益，同时也包括维持额定功率的非线性增益。在这种调节系统中，要想直接测量负载干扰量变化，只有干扰刚出现时能测出，调节器立刻发出调节信号使调节量做出相应的变化，使两者抵消于被调节量发生偏离之前。所以为了提高系统稳定性和减少干扰，引入前馈控制规律，即

$$H(s) = \frac{\dot\beta(s)}{v_\omega(s)} = \beta'K \frac{\tau s}{1+\tau s} \tag{4.26}$$

$$G(v) = \frac{\beta_{ref}}{v} \tag{4.27}$$

$$G(s) = \frac{v_{ref}(s)}{v(s)} = \frac{\beta'(s)v'(s)}{v(s)} = \frac{286.6}{\omega R} - \frac{12.5}{s} - \frac{284.1P_N}{\omega\pi R^3}\frac{s}{s - \frac{12.5}{\omega R}} \tag{4.28}$$

式中　K——比例因子；

τ——时间常数；

β'——前馈增益因数。

经过低通滤波的转子速度和加速度一起联合通过反馈增益系数 K，它的频率在 $\frac{1}{\tau}$ 和 ω_0^{3p} 之间。典型的时间常数值是 $(0.5\sim1)s$，反馈设置的常数为 $0.5s$。

2. 变桨速度的执行

从式（4.21）来确定 β_{v_ω} 是很复杂的，因为 v_ω 是一个隐函数。虽然可以解出 v_ω 的非线性数值解，但是 β_{v_ω} 的数值解会是一个二维函数，需要依赖 v_ω^{-1}。

$$(\beta_{v_\omega})(v_\omega, \omega_r) = \sum_{i=1}^{NV_w + 1} \sum_{j=1}^{N_{\omega_r} + 1} C_{\theta^*_{Vw-1}}(i,j) \cdot \omega^{(j-1)} \cdot v_\omega^{-(i-1)} \qquad (4.29)$$

桨距角速度 β_{v_ω} 随风速变化，它的设定由式（4.24）中前馈增益因数 β' 来决定的，而前馈增益因数能够很容易地从函数中分离出来得到

$$\beta'(v_\omega, \omega_r^f) = \sum_{i=1}^{NV_w + 1} \sum_{j=1}^{N_{\omega_r} + 1} -(i-1) \cdot C_1^\beta(i,j) \cdot \omega^{(j-1)} \cdot v_\omega^{-i} \qquad (4.30)$$

图 4.3 表示的是前馈增益因数和风速变化曲线之间的关系。曲线表示的是最大灵敏度在最大有效值 $4°/(\text{m/s})$ 之内，以避免极端的桨距角驱动。

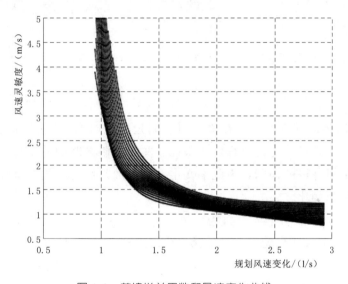

图 4.3　前馈增益因数和风速变化曲线

由二维函数得知，$N_{v_\omega} = 4$，$N_{\omega_r} = 4$，前馈增益因数的实际值应该由风速估计值决定，v_ω 值由式（4.10）和滤波后的转子转速 ω_r^f 一起来决定。

4.3　典型工况风电机组风速估计控制仿真研究

4.3.1　数据处理与分析

（1）气动力矩、桨距角和转子转速定义运行区域，过渡区域为

$$N_r = (13.5 \sim 15)\text{r/min} \qquad (4.31)$$

$$T_a = 0.8 - 1.1 T_a - v \qquad (4.32)$$

实际运行点的选取，为了选取实际运行点，应该得到 3 个实际的参数，即桨距角、转子转速和重组气动力矩，所有的变量通过同样的低通滤波以避免相位漂移。

（2）在运行区域内，找到两个最接近的叶尖速比值，与式（4.2）和式（4.3）有关。在额定功率式（4.5）的限制下，桨距角的给定值 β 与估计风速 v_ω 可以在离线状态下解决。

（3）在运行区域内，找到两个最接近的桨距角值 β，与式（4.5）有关。

为所有的变桨速度建立一个多项式，通过调整多项式系数和桨距角来建立一个关于 β' 的多项表达式。现在风速估计值 v_ω 和前馈增益因数 β' 都已经得知，那么前馈控制可以由式（4.6）和式（4.7）求出。为了能够离散使用，首先将连续函数进行差分变换得出

$$\dot{\beta}(k)=\beta'(k)\cdot\left\{\frac{K}{T_c+\tau}\cdot\left[v_\omega(k)-v_\omega(k-1)\right]\right\}+\frac{\tau}{T_c+\tau}\cdot\dot{\beta}(k-1) \quad (4.33)$$

式中 T_c——控制周期。

根据式（4.1）所描述前馈控制的使用条件，即桨距角 β 将能够很容易的算出。

4.3.2 仿真研究

本书基于 Bladed 软件平台，在额定风速附近区域时对风电机组运行主要采用的是前馈控制方式，并对其进行可行性的验证。文中控制策略的效果体现在额定风速上下的过渡工况下对阵风的抑制，因此本文主要采取的是风电机组在阵风以及极端阵风时的仿真结果所作的比较。

风电机组用于模拟的主要参数为：风轮直径 $R=100\text{m}$，额定风速 $V_{\text{rate}}=12\text{m/s}$，切出风速 $V_{\text{out}}=25\text{m/s}$，齿轮箱传动比为 84.21，发电机额定功率为 3MW。转速范围为 9.2~16.4r/min，额定转速为 14.25r/min，可模拟出阵风和极端阵风与估计风速的各种曲线比较图如下：

（1）有效平均风速与估计风速曲线。图 4.4 为风电机组的风轮扫掠面有效平均风速与估计风速曲线，从中可以看出两者几乎完全重合，这样则表明利用估计风速得到的能够完全表征实际风况的平均风速，可以把它作为参考控制量的有效值。

（2）有效平均风速和估计风速之间的误差曲线。图 4.5 为有效风速与估计风速的误差曲线，从图中分析得到，估计误差在实际风速的 6% 的范围内变化，这样足以表明估计得到的有效风速十分接近实际风速。

（3）极端运行阵风曲线。对标准等级的风电机组，轮毂高度处的阵风幅值 V_{gust} 计算为

$$V_{\text{gust}}=\min\left\{1.35(V_{\text{e1}}-V_{\text{hub}});3.3\left(\frac{\sigma_1}{1+0.1\dfrac{D}{\Lambda_1}}\right)\right\} \quad (4.34)$$

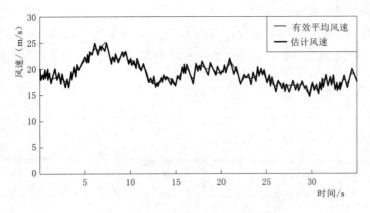

图 4.4 有效风速与估计风速曲线

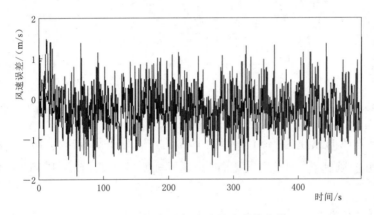

图 4.5 有效风速与估计风速误差曲线

式中 σ_1——标准偏差；

Λ_1——湍流尺度参数；

D——风轮直径。

极端运行阵风（EOG）的风速为 6m/s，风向为 0°，电机的最大转速为 1938r/min（软超速切，恒功率切），风速为 6m/s，风向为 8°，其中轮毂高度处的阵风幅值 $V_{gust} = 9.417$m/s，如图 4.6 所示。

极端运行阵风的风速为 12m/s，风向为 0°，电机最大转速为 1968r/min（软超速切，恒功率切）的风速为 12m/s，风向为 8°，电机最大转速为

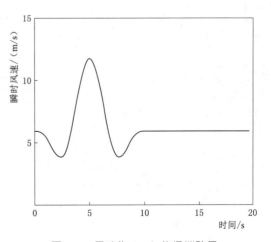

图 4.6 风速为 6m/s 的极端阵风

1956r/min，如图 4.7 所示。

极端运行阵风的风速为 14m/s，风向为 0°，电机最大转速为 1968r/min（软超速切，恒功率切）风速为 14m/s，风向为 8°，电机最大转速为 1956r/min，如图 4.8 所示。

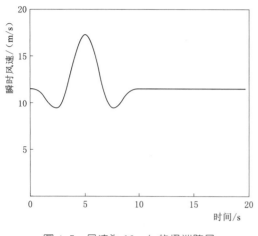

图 4.7　风速为 12m/s 的极端阵风

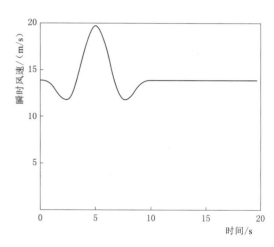

图 4.8　风速为 14m/s 的极端阵风

极端运行阵风的风速为 18m/s，风向为 0°，电机最大转速为 1968r/min（软超速切，恒功率切）风速为 18m/s，风向为 8°，电机最大转速为 1956r/min，如图 4.9 所示。

极端运行阵风的风速为 22m/s，风向为 0°，电机最大转速为 1968r/min（软超速切，恒功率切）风速为 22m/s，风向为 8°，电机最大转速为 1956r/min，如图 4.10 所示。

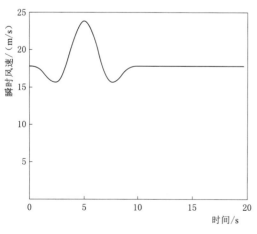

图 4.9　风速为 18m/s 的极端阵风

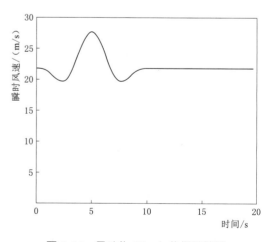

图 4.10　风速为 22m/s 的极端阵风

对于风速在 10m/s 时候的阵风，如图 4.11 所示。

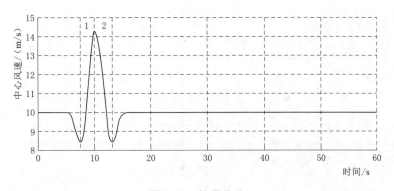

图 4.11　阵风仿真

在阵风时的风电机组仿真可以分为两个阶段，包括第一个阶段和第二个阶段，发电机转矩、桨距角、风轮转速和发电机输出功率的变化分别如图 4.12～图 4.15 所示。

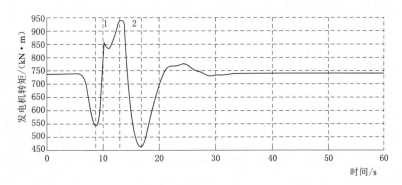

图 4.12　发电机转矩仿真

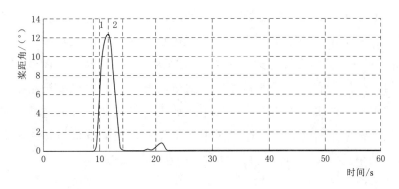

图 4.13　阵风桨距角仿真

第一个阶段时，初始风速为 8.5m/s，然后迅速提升到 14m/s，在这个阶段，发电机的转矩、桨距角、风轮转速和功率曲线变化如下：桨距角为 0°时，风电机组最初工作在最佳叶尖速比这个工作区，它的转矩最佳为 550kN·m，由于受到阵风的影

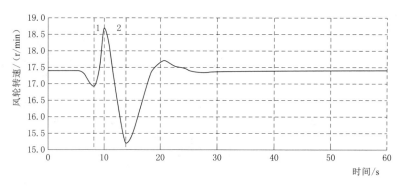

图 4.14   阵风风轮转速仿真

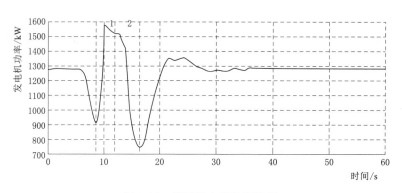

图 4.15   阵风发电机功率仿真

响，它的转矩会按照最大叶尖速比的曲线快速上升，当风轮转速到达额定转速 17.5r/min 时，转矩控制由最佳叶尖速比这个工作区快速进入到恒转速工作区，风电机组的转矩会直接上升到额定转矩，并进入到恒功率区阶段。在此期间，桨距角控制器是根据风速的变化而变化的，为了防止风电机组的转矩冲到上限时它的瞬间过速而提前进入到起动状态，桨距角大约变到 4°左右时，风电机组达到了额定功率。由于风速在额定风速 10.5m/s 时，仍然继续迅速上升直到风速为 14m/s。按照桨距角和转矩协调策略，风电机组允许风轮和发电机的转速可以适量的升高，此时风电机组的转矩先反比例下降，以便保持风电机组输出功率的恒定。如果风轮转速上升的过快，那么桨距角还没有达到最佳桨距角状态，为了防止风电机组超速，当风电机组转矩提升到发电机最大转矩时，桨距角为 12°，此时机组功率保持在稳定状态。

　　第二个阶段时，初始风速为 14m/s，然后风速迅速下降到 8.5m/s，在这个阶段，桨距角、风轮转速、发电机转矩和功率变化如下：由于风速过快的下降，因此桨距角迅速调整到 0°。工作状态由恒功率区转到恒转速工作区，风电机组的转矩一直维持在最大转矩上，输出功率一直维持在额定值，目的是为了防止功率频繁跌落。随后转矩直接下降到 750kN·m，进入到最佳叶尖速比工作区，直到转矩下降到 450kN·m。

因为在这个工作点并不是最佳叶尖速比，所以转矩会按照最大叶尖速比曲线继续进行调整，直到最终达到稳定状态。

下面表示风电机组在前馈控制与传统控制这两种控制策略作用下，桨距角的变化情况，如图 4.16 所示。

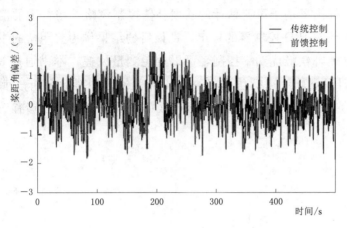

图 4.16　前馈控制与传统控制的桨距角偏差

从图 4.16 可以看出，随着风速的增加，在前馈控制的作用下，风轮桨距角的变化幅度和传统的控制策略相比，要稍大一些；随着风速的减小，风轮桨距角的变化幅度和传统的控制策略相比，要稍小一些，从而可以实现动态前馈补偿的变桨控制。

如图 4.17 显示的是风电机组在两种控制方式下的输出功率曲线图。

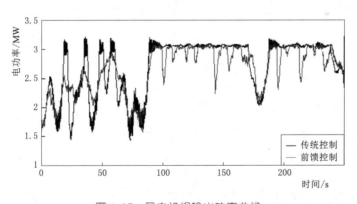

图 4.17　风电机组输出功率曲线

从图 4.17 可以显示出风电机组输出功率波动在采用前馈控制方式时，它的最大误差值比额定功率的值要小 9.1%，风电机组输出功率波动在采用传统控制方式时，它的变化幅度值达到额定功率的 13%。

根据以上的仿真结果可以得出本文提出的风速估计前馈控制策略的有效性和可行性，体现了风电机组的转矩和桨距角协调控制的统一性。

4.4　本章小结

　　风电机组运行在过渡阶段时，本章利用牛顿-拉夫逊算法与卡尔曼滤波计算出风速的估计值，并提出了基于风速估计的前馈补偿控制策略，与合适的前馈变桨角进行结合，然后叠加反馈 PID 控制器的输出，把最后的结果作为桨距角的设定点。通过基于风速估计的前馈补偿最优功率控制，可以避免测量风速。本书通过 3MW 风电机组的模型，利用 Bladed 软件进行仿真研究，从各种仿真图对比分析表明：风速估计的前馈补偿方法的控制效果良好，能够保证曲线的平滑输出，还能够有效地减小风电机组输出功率的波动。

第 5 章

风电机组运行控制模拟实验

5.1 变桨控制实验

5.1.1 风电机组运行变桨控制系统原理与概述

风电机组的变桨控制是根据当前风速和发电机转速调整桨叶的桨距角，从而调节风电机组的输出功率，保证风电机组在各种工况下（启动、正常运转、停机）按最佳参数运行，实现并网过程的快速无冲击性，并能够通过空气动力制动的方式使风电机组安全停机。其控制策略分为两部分：在额定风速以下时，通过对变流器的控制，改变发电机的电磁转矩，控制风轮转速，使叶尖速比保持在最大利用系数对应值附近，从而保证风电机组在低风速区的最大风能捕获；在额定风速以上，通过调节桨叶的桨距角，降低风轮的气动转矩，与发电机的电磁转矩保持平衡，从而保持发电机输出功率在额定值附近。

实验参照 2MW 双馈式风电机组（HRS 92—2000）变桨系统深度结合风电能量转换理论和工程实际，其原理、组成、结构与工程实际一致。实验紧扣新能源专业课程体系，本着循序渐进的原则，由浅入深。有助于学生更好的理解变桨系统的组成、结构、工作方式、控制技术等专业知识，掌握变桨的调试、维护、故障判断和处理等技能。

5.1.2 变桨系统的作用

1. 功率调节作用

在额定输出功率以上时，变桨距风电机组与定桨距风电机组相比，它具有输出功率平稳的特点。变桨距风电机组的功率调节不完全依靠叶片的空气动力学性能。在额定输出功率以下时，控制器将叶片桨距角置于零度附近不作变化，这时，相当于定桨距风电机组，发电机的功率根据叶片的空气动力学性能随风速的变化而变化。当超过额定输出功率时，变桨距机构开始工作，调整叶片桨距角，将发电机的输出功率控制在额定值附近。

变桨距风电机组与定桨距风电机组相比，在相同的额定输出功率时，额定风速比定桨距风电机组的要低。对于定桨距风电机组，一般在低风速阶段的风能利用系数较高。当风速接近额定值时，风能利用系数开始大幅下降。这是因为随着风速的升高，输出功率上升已趋平缓，而过了额定值后，桨叶开始失速，风速升高，输出功率反而有所下降。对于变桨距风电机组，由于桨叶桨距可以控制，无需担心风速超过额定值后的功率控制问题，使得在额定输出功率时仍然具有较高的风能利用系数。

2. 启动与制动作用

变桨距风电机组在低风速时，变桨控制系统可以驱动桨叶到合适的角度，使风轮具有较大的起动力矩，从而使变桨距风电机组比定桨距风电机组更容易起动。

当风速超过风力发电机的切出风速时，变桨控制系统驱动桨叶减少风轮吸收功率，在发电机与电网断开之前，功率减小至零，实现风电机组安全脱离电网。这意味着当风电机组与电网脱开时，没有大的转矩作用于风电机组，避免了在定桨距风电机组上每次脱网时所要经历的突甩负载的过程，从而实现风电机组的安全制动。

5.1.3 变桨系统组成结构认知实验

变桨系统的基本组成包括变桨轴承、减速机和驱动装置 3 个部分。图 5.1 是采用内齿圈变桨轴承的电动变桨系统轮毂结构图，在风轮轮毂圆周上安装有 3 个变桨轴承，变桨轴承外圈使用螺栓固定在轮毂上，变桨轴承内齿圈与变桨减速机输出端的小齿轮啮合，叶片使用螺栓与变桨轴承内圈连接。当变桨电机转动时，推动变桨轴承内齿圈转动，从而带动叶片转动，即可改变桨距角。

5.1.3.1 变桨轴承

图 5.2 是变桨轴承的剖面图，变桨轴承由外圈、内圈、滚子与保持架组成，其滚子采用球型滚子，其滚道与普通轴承的有所不同。

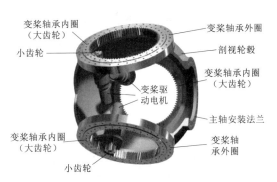

图 5.1 电动变桨系统轮毂结构图

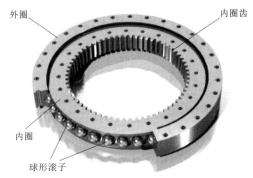

图 5.2 内齿四点接触球轴承剖面图

轴承内圈与外圈的滚道采用桃形截面如图 5.3，当无载荷或纯径向载荷作用时，钢球与内外圈滚道呈现为四点接触，故称四点接触球轴承。

当轴向载荷或倾覆力矩作用时，钢球和内外圈滚道就变成两点接触。四点接触球轴承多用于轴向载荷大、同时倾覆力矩大的场合，因此广泛应用于风电变桨轴承。由于其轴承直径较大，而轴承厚度相对直径较薄，因此也被称为转盘轴承。

上述转盘轴承只有一排滚子，称为单排四点接触球轴承，本实验台采用的就是这种轴承。对于叶片载荷较大的情况，变桨轴承多采用双排四点接触球轴承，如图 5.4 所示。

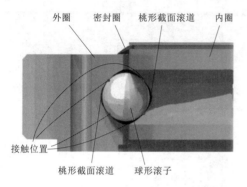

图 5.3 四点接触球轴承滚道剖面图   图 5.4 双排四点接触球轴承剖面图

5.1.3.2 减速机

变桨减速机多为行星齿轮减速机，采用硬齿面齿轮传递功率，通过行星齿轮传动达到所需转速，具有结构紧凑、减速比大、承载能力高、寿命长、噪声低、密封性好等特点。

图 5.5 是一个行星齿轮结构示意图，机构由多个圆柱齿轮组成，包括 1 个齿圈（内齿轮）、3 个行星轮（外齿轮）、1 个太阳轮（外齿轮）、行星架组成，太阳轮与齿圈共一轴线，3 个行星轮的轴固定在行星架上，行星架的轴线与太阳轴线轮重合。行星齿轮与齿圈是内啮合传动，行星齿轮与太阳轮是外啮合传动，行星齿轮可绕自己的轴线转，又可随着行星架一起绕行星架轴线旋转，行星齿轮即既有自转又有公转。通过固定行星架、齿圈、太阳轮之中的任一个，就可得到不同的传动变比。

图 5.6～图 5.10 详细介绍了一个单级行星齿轮箱的结构与组成。其中，图 5.6 是行星架的结构图，行星架呈盘状，盘上固定 3 个轴，按 120°分布，相互平行。行星架的转轴安装在轴承内，转轴另一端是低速轴，连接变桨小齿轮。

3 个行星齿轮安装到行星架的 3 个行星齿轮轴上，如图 5.7 所示，每个行星齿轮可绕自己的轴自由旋转。

把行星架通过轴承安装到行星齿轮箱前端盖（行星齿轮机座）内，并在前端盖内圈安装齿圈，齿圈有内齿，能与行星齿轮很好的啮合，当行星架转动时，行星齿轮沿齿圈内圆齿滚动，如图 5.8 所示。

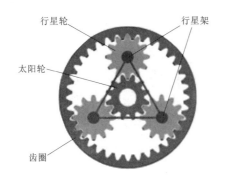

图 5.5　行星齿轮结构示意图

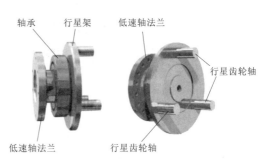

图 5.6　行星架结构图

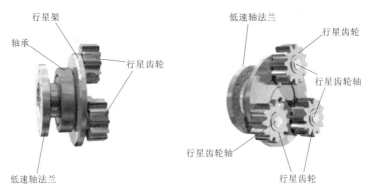

图 5.7　行星齿轮结构图

图 5.8　行星齿圈结构图

　　太阳轮的轴是高速端输出轴，把太阳轮放入行星齿轮中间，太阳轮的齿可与所有行星齿轮的齿很好的啮合，如图 5.9 所示。

　　把后端盖与前端盖合拢安装，在后端盖中间有轴承，用来安装太阳轮轴（高速轴）。一个单级行星齿轮箱模型组装完毕，如图 5.10 所示。

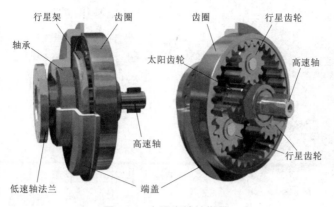

图 5.9　太阳齿轮结构图

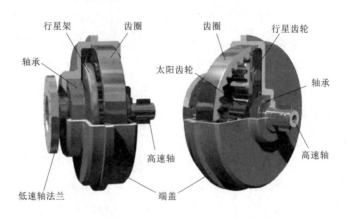

图 5.10　高速轴结构图

这种结构的行星齿轮系的变比 I 为

$$I = 1 + \frac{Z_2}{Z_1}$$

式中　Z_1——太阳轮齿数；

　　　Z_2——齿圈齿数。

5.1.3.3　驱动装置

1. 变桨电机

在变桨系统中，可采用的电机包括有刷直流电机、异步电机、无刷直流电机和永磁同步电机 4 种。

有刷直流电机的结构总体由定子（静止部分）和转子（旋转部分）两大部分组成，如图 5.11 所示。定子用于安装磁极和电刷，并作为机械支撑，包含主磁极、换向极、电刷装置和机座等。转子又称为电枢，包含电枢铁芯、电枢绕组和换向器等。

主磁极用于产生气隙磁场，一般由励磁绕组通以直流电流来建立磁场。主磁极由

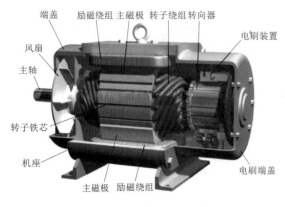

端盖　励磁绕组　主磁极　转子绕组　转向器

风扇

主轴

电刷装置

转子铁芯

机座

主磁极　励磁绕组

电刷端盖

图 5.11　有刷直流电机结构图

冲压制作的硅钢片叠成，在主磁极上套有定子励磁绕组。换向极用于改善电机换向，由铁芯和套在上面的绕组构成，安装在两相邻主极之间。机座的主体是极间磁通路径的一部分，称为磁轭，由导磁良好的钢材制成。转子铁芯又称电枢铁芯，用来构成磁通路径并嵌置电枢绕组。电枢绕组用来感应电动势，通过电流并产生电磁力矩或电磁转矩，是电机能够实现机电能量转换的核心部件。电枢绕组由多个用绝缘导线绕制的线圈连接而成，各线圈以一定规律与换向器焊接。换向器用于将电枢绕组内的交流电动势用机械换接的方法转换为电刷间的直流电动势。换向器由多个彼此绝缘的换向片构成。电刷装置有两个作用：一是将转动的电枢与外电路相连接，是电流经电刷进入电枢；二是与换向器配合作用获得直流电压。电刷装置有电刷、刷握、刷杆和汇流条等零件构成。

　　异步电机又称感应电机，主要由固定不动的定子和旋转的转子两部分组成，定、转子之间有气隙，在定子两端有端盖支撑转子，其结构如图 5.12 所示。

　　异步电机的定子由定子铁芯、定子绕组和机座三部分构成。定子铁芯作为电机磁路的一部分，采用导磁性能良好硅钢片叠成，其内圆均匀冲制有若干个形状相同的槽，用来嵌置定子绕组。定子铁芯固定在机座上，机座外面有散热筋（散热片）帮助定子散热，机座由铸铁或铸钢铸造。

　　异步电机的转子由转子铁芯、转子绕组和转轴构成。转子铁芯外周的许多槽是用来嵌放转子绕组，采用在转子铁芯上直接浇铸熔化的铝液形成鼠笼转子，在转子槽内直接形成铝条即绕组，并同时铸出散热的风叶，简单又结实。机座装上端盖后，转子与定子与定子绕组都密封在机座内，能很好地防尘。定子与转子产生的热量由机座外壳散热，笼型转子上的风叶搅动机内空气使热量尽快传到外壳上，外壳上的散热片加大了散热面积。在电机端盖外还装有风扇罩，风扇罩端部开有通风孔，风扇旋转时就像离心风机，空气从风扇罩

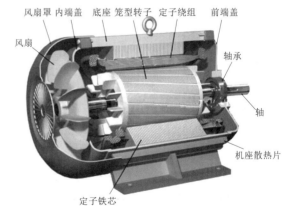

风扇罩　内端盖　底座　笼型转子　定子绕组　前端盖

风扇

轴承

轴

机座散热片

定子铁芯

图 5.12　异步电机结构图

端部进入，从风扇罩与端盖之间的空隙吹出，吹向机座上的散热片，大大加速了电机的散热。

有电刷直流永磁电动机工作原理还是基于通电导体在磁场中受力的原理，而无刷直流永磁电动机的工作原理则不同，是靠定子磁场与转子磁场间的作用力拉动转子转动的。定子的基本结构类似交流三相电机，三个线圈绕组由电子开关元件按规律接通直流电源形成旋转磁场，从而拉动转子旋转。

ABC 三组线圈的连接方式也与交流电机的三相线圈一样，有星形接法与三角形接法。星形接法在无刷直流永磁电动机应用较多，如图 5.13 所示，由换向器中六个开关晶体管 BG1 至 BG6 组成的桥式电路切换通过 A、B、C 三个线圈的电流。

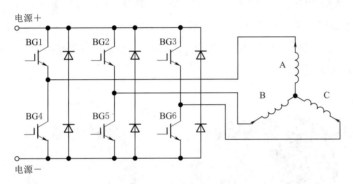

图 5.13　无刷直流电机与电子换向器接线图

图 5.14 演示开关晶体管是如何控制产生旋转的磁场，图中标注的"A＋、B＋、C＋"表示相应线圈与电源正极接通，"A－、B－、C－"表示相应线圈与电源负极接通。

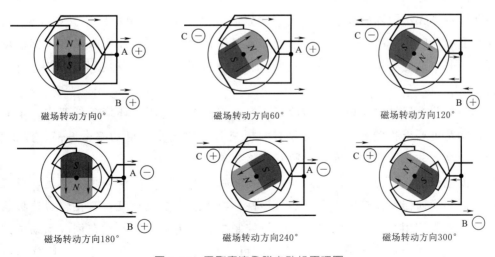

图 5.14　无刷直流永磁电动机原理图

当开关管 BG1 与 BG5 导通时，电流由 A 组线圈进 B 组线圈出，两个线圈形成的合成磁场方向向上，规定此时的磁场方向为 0°、转子旋转角度为 0°。当开关管 BG1 与 BG6 导通时，电流由 A 组线圈进 C 组线圈出，形成的磁场方向顺时针转到 60°，转子也随之转到 60°。当转子转到 60°时，开关管 BG2 与 BG6 导通时，电流由 B 组线圈进 C 组线圈出，形成的磁场方向顺时针转到 120°，转子也随之转到 120°。当转子转到 120°时，开关管 BG2 与 BG4 导通时，电流由 B 组线圈进 4 组线圈出，形成的磁场方向顺时针转到 180°，转子也随之转到 180°。当转子转到 180°时，开关管 BG3 与 BG4 导通时，电流由 C 组线圈进 A 组线圈出，形成的磁场方向顺时针转到 240°，转子也随之转到 240°。当转子转到 240°时，开关管 BG3 与 BG5 导通时，电流由 C 组线圈进 B 组线圈出，形成的磁场方向顺时针转到 300°，转子也随之转到 300°。

永磁同步电动机的定子结构与工作原理与交流异步电动机一样，不同的是转子结构，如图 5.15 所示。转子上安装有永磁体磁极，永磁体磁极嵌装在转子铁芯表面，称为表面嵌入式永磁转子。

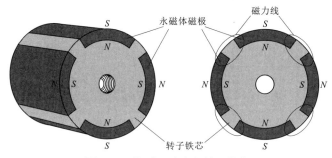

图 5.15　永磁同步电机转子结构

永磁同步电动机不能直接通三相交流的起动，因转子惯量大，磁场旋转太快，静止的转子根本无法跟随磁场启动旋转。永磁同步电动机的电源采用变频调速器提供，启动时变频器输出频率从 0 开始连续上升到工作频率，电机转速则跟随变频器输出频率同步上升，改变变频器输出频率即可改变电机转速，是一种很好的变频调速电动机。

感应异步电机结构简单、可靠性高、但体积稍大，适用于环境条件恶劣、不易维护但控制精度要求稍低的场合；无刷直流电机和永磁同步电机功率密度高、体积小、控制精度高，非常适用在对安装空间有严格要求的场合。

直流电机控制简单、控制性能好，在变桨系统上取得了广泛应用。但是，直流电机的电刷和换向器不仅降低了电机的可靠性，也增加了电机长度，对在轮毂这种狭小空间内的安装使用造成了不利影响。矢量控制技术解决了交流电机在伺服驱动中的动态控制问题，使交流伺服驱动系统的性能可与直流伺服系统相媲美，而且总体成本更低。

2．伺服驱动器

伺服驱动器位于轮毂内，它由控制器和变频器组成，电源以及通信链路通过滑环与机舱内的风电机组控制系统相连。变桨系统正常工作时由三相交流电源为伺服电动机驱动器供电，为系统提供变桨动力。系统采用双闭环控制，通过伺服驱动器内置的两组 PID 调节器对电动机速度和桨叶角度进行控制。一个 PID 调节器利用与电动机同轴的旋转光电编码器的反馈值控制伺服电动机的速度和输出力矩，对交流伺服电动机进行空间矢量控制，以保证良好的动态响应以及足够机械特性硬度，使桨叶角度不受强劲变化的风力影响。另一个 PID 调节器利用与桨叶同步旋转的角度编码器的反馈值来控制桨叶的旋转角度，保证桨叶的定位精度。

通过公用通信数据链，在变桨距主控制器的监督下，三组桨叶能够实现高性能的同步机制，以保证桨叶角度能够严格同步。变桨控制器通过公用通信链对电动机温度、电源情况、限位开关及电动机刹车状态等多项参数进行监视，一旦出现故障立即将桨叶转动到安全位置（90°）。

5.1.4　实验步骤

1．实验目的

（1）掌握（电动）变桨系统的基本组成结构。

（2）理解（电动）变桨系统各组成部分的作用。

2．实验准备步骤

（1）断开变桨系统实验台主电源断路器，避免学生误操作造成人员及设备损害。

（2）变桨控制柜、变桨电池柜（3 个）、变桨实验操作台的柜门均处于关闭且落锁状态，避免学生直接接触柜内设备。

3．实验操作步骤

（1）逐一观察变桨系统传动机构的各组成部分，如变桨电机、减速机、变桨小齿轮、变桨轴承及内齿圈等，理解变桨系统如何驱动叶片完成变桨动作。

（2）记录变桨电机额定转速、减速机变速比、变桨小齿轮齿数、变桨轴承内齿圈齿数等参数，依据变桨系统传动速比计算公式，计算变桨系统额定变桨速率为

$$变桨速率＝变桨电机转速×\frac{变桨小齿轮齿数}{变桨减速机变速比×变桨轴承内齿圈齿数}$$

（3）观察变桨轴承上附带的变桨角度刻度盘，理解变桨系统在开/关桨过程中桨距角的实际变化情况。

（4）观察变桨电机编码器、变桨角度传感器、−5°限位开关、90°限位开关和100°限位开关等变桨角度测量源，结合步骤（3）的观察结果，绘制变桨系统结构拓扑图。

5.1.5　实验注意事项

（1）在近距离观察变桨系统传动机构时，严禁闭合实验台总电源，以免变桨系统发生误动作，造成人身伤害。

（2）严禁插拔变桨控制柜和变桨电池柜任何电气插头，以免发生触电，造成人身伤害。

（3）注意勿将硬物遗落在变桨轴承内齿圈上，以免对齿圈和齿轮造成损坏。

5.1.6　风轮及变桨常见故障实例及处理方法

以 2MW 风电机组为例，其风轮由 3 个叶片、变桨轴承及球墨铸铁轮毂构成。轮毂是风轮的骨架，风能通过叶片直接作用在轮毂上。叶片通过球式轴承，安装在轮毂上，通过变桨控制系统以实现叶片桨距角可调。在高风速条件下，双馈发电机和变桨距系统将风电机组的输出功率保持在额定功率，在低风速条件下，双馈发电机和变桨距系统通过选择叶片角度使风轮转子的转速和叶片最佳角度结合，保证风电机组的输出功率最大。常见风电机组采用主动电变桨距系统，该系统由 1 个主控柜、3 个轴柜、3 个电池柜和 3 个变桨驱动电机组成；或由带 3 个控制柜的变桨系统组成。变桨系统主控柜是整个变桨系统的核心，通过滑环与风电机组的主控系统通信，并根据控制系统的要求向各个轴柜发送命令，使桨叶角度达到系统所要的最佳位置。轴柜接受主控柜的命令，根据需要驱动变桨电机，使桨叶角度符合风电机组的要求。电池柜用来在紧急情况下为系统提供电源，保证系统达到安全状态。三柜变桨系统的每个控制柜都有与主控相互串联的 PLC，通过滑环与风电机组的主控系统通信，并根据控制系统要求向各个控制柜发送命令，使桨叶角度达到系统所需要的最佳位置。柜内的电池用来在紧急情况下为系统提供电源，保证系统达到安全状态。变桨驱动装置由驱动电机、减速机、小齿轮组成，用于驱动叶片改变桨距角。轮毂及变桨系统结构如图 5.16 所示。

风轮及变桨常见故障实例及处理方法如下：

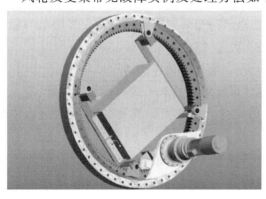

图 5.16　轮毂变桨系统结构

（1）轮毂内温度过高。在轮毂中的环境温度过高，可能导致元气件的损坏。这种现象一般是由于外界天气炎热造成，若天气炎热则应停机降温并检查变桨电机是否过热，检查轮毂温度传感器是否损坏。

（2）叶片变桨角度不同步。三只叶片之间的变桨角度偏差超过容许值，叶片不能正常变桨，或者未按照主控要求变桨，存在安全隐患。

故障原因及处理方法：变桨角度不同步可能是变桨驱动失效造成，可能是机械方面的故障，应检查变桨轴承是否卡塞；可能是电气方面故障，应检查变桨电机及其接线是否正常；若机械电气方面都正常，检查变桨电池是否故障导致不正常的收桨，电池如果损坏应更换变桨电池。

（3）变桨位置指令与反馈不一致。变桨位置没达到设定位置或反馈信号错误。

故障原因及处理方法：检查变桨的实际位置没达到设定位置，应检查叶片是否出现卡塞情况，应检查变桨轴承是否有异物卡住；变桨的实际位置已经到达设定位置，但反馈信号错误，应检查限位开关和编码器的接线是否松动脱落；检查限位开关和编码器自身是否损坏，如有损坏应更换限位开关及编码器。

（4）变桨通信错误。机舱主控和变桨控制器之间的通信出现问题，变桨通信一旦丢失，主控将失去对变桨系统的控制，极容易出现变桨故障，甚至超速。

故障原因及处理方法：在主控和变桨之间有通信滑环，检查是否由于由于通信滑环的原因导致风电机组运行时，随着风轮转速升高，信号丢失的可能性随之增大，应注意通信滑环的干净，如有损坏请更换通信滑环；检查变桨与主控所有线路接口是否存在松动情况，如有松动请逐个紧固；检查通信线路电缆屏蔽线接地是否良好，是否有信号干扰。

（5）变桨电池电压低停机。一旦变桨电池电压低于设定的停机值，风电机组直接执行停机程序。

故障原因及处理方法：首先测量电池电压，电压低于停机值请检查变桨电池输出电压；请检查电池自身是否损坏，如有损坏更换电池。

（6）变桨驱动器错误。整个驱动回路出现问题，表现为叶片不能变桨、或者变桨异常。

故障原因及处理方法：检查驱动器输入电压是否正常，当低电压穿越时，或由电池供电，电池电压偏低，也将导致驱动器故障；检查驱动器 $1^{\#}$ 输出端电机回路是否有过载现象；检查驱动器输出控制信号是否正确。

（7）变桨电机温度高。变桨电机温度超过设定值则报此故障，一般为散热风扇故障。

故障原因及处理方法：检查变桨电机的散热风扇接线是否松动或脱落，如有松动请紧固接线；检查变桨电机散热风扇是否有阻塞或缺陷，如有阻塞或缺陷请修理变桨电机风扇。

5.2 液压制动系统实验

5.2.1 风电机组液压系统概述

液压系统是以有压液体为介质，实现动力传输和运动控制的机械设备。液压系统具有传动平稳、功率密度大、容易实现无级调速、易于更换元器件、过载保护可靠等优点，在大型风电机组中得到广泛应用。风轮或主传动链维护时，高速轴制动器制动，防止维护过程中风电机组转动造成设备损坏和人员伤亡。风电机组在某些极端工况下，如变桨系统失灵导致桨叶无法收回，高速轴制动，避免风电机组产生更大损失。风电机组收桨停机是一个缓慢的过程，当风电机组转速降低到一定范围时，高速轴制动器制动，缩短停机时间。

5.2.2　实验装置结构组成

风电机组液压制动系统实验装置由液压站系统、高速轴制动系统、偏航制动系统、液压变桨系统、电气控制系统、实验桌、储物柜等组成。

液压站系统由油箱、电机、齿轮泵、蓄能器、过滤器、液压管路、压力表、液压阀等组成。

高速轴制动系统由主轴制动盘和一个液压制动器组成。

偏航制动系统由偏航制动盘和两个液压制动器组成。

液压变桨系统由一个双作用单活塞杆液压缸模拟叶片液压变桨，实现叶片开桨和关桨的功能。

电气控制系统包括 PLC 可编程控制器、中间继电器、开关电源、断路器、压力传感器、按钮、指示灯、计算机、触摸显示屏等。

5.2.3　实验控制原理

（1）液压制动系统实验装置的液压原理如图 5.17 所示。

（2）高速轴制动液压原理如图 5.18 所示，电机（6）启动，通过联轴器（7）驱动液压泵（8）向主油路输送压力油。压力油通过溢流阀（14）调节压力后进入三位四通电磁换向阀（18.1），电磁换向阀 b 端电磁铁得电，压力油经过液控单向阀（16.1）、单向节流阀（17.1）进入液压制动器活塞有杆腔，活塞推动摩擦片前进，夹紧摩擦盘。

（3）高速轴释放液压原理如图 5.19 所示，电机（6）启动，通过联轴器（7）驱动液压泵（8）向主油路输送压力油。压力油通过溢流阀（14）调节压力后进入三位四通电磁换向阀（18.1），电磁换向阀 a 端电磁铁得电，压力油经过液控单向阀（16.1）、单向节流阀（17.1）进入液压制动器活塞无杆腔，活塞推动摩擦片后退，松开摩擦盘。

（4）偏航制动液压原理如图 5.20 所示，电机（6）启动，通过联轴器（7）驱动液压泵（8）向主油路输送压力油。压力油通过溢流阀（14）调节压力后进入三位四通电磁换向阀（18.2），电磁换向阀 b 端电磁铁得电，压力油经过液控单向阀

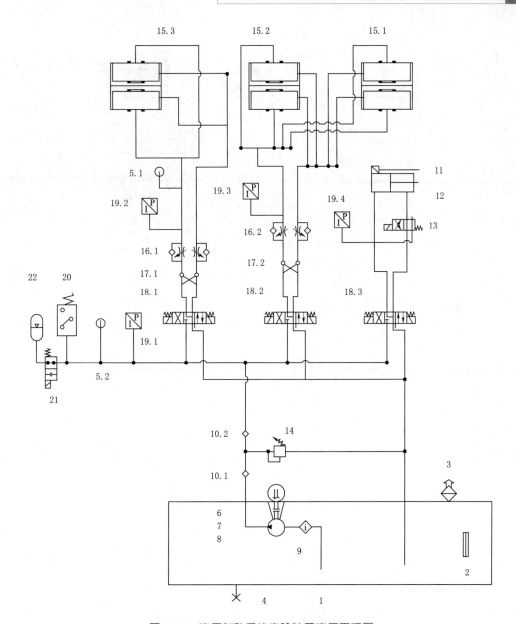

图 5.17 液压制动系统实验装置液压原理图

1—油箱；2—液位计；3—空气滤清器；4—放油堵；5.1~5.2—压力表；6—电机；7—联轴器；

8—液压泵；9—吸油过滤器；10.1~10.2—单向阀；11—位移传感器；12—变桨液压缸；

13—二位四通电磁换向阀；14—溢流阀；15.1~15.3—液压制动器；16.1~16.2—液控单向阀；

17.1~17.2—单向节流阀；18.1~18.3—电磁换向阀；19.1~19.4—压力传感器；

20—压力继电器；21—二位二通电磁换向阀；22—蓄能器

　　（16.2）、单向节流阀（17.2）进入液压制动器活塞有杆腔，活塞推动摩擦片前进，夹
紧摩擦盘。

　　（5）偏航释放液压原理如图 5.21 所示，电机（6）启动，通过联轴器（7）驱动

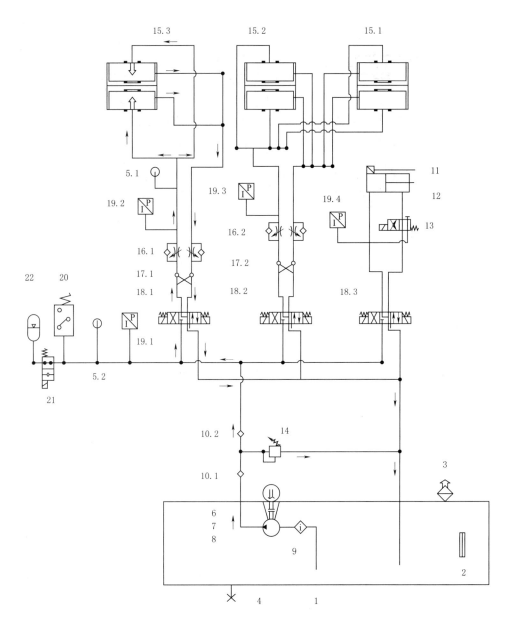

图 5.18　高速轴制动液压原理图

液压泵（8）向主油路输送压力油。压力油通过溢流阀（14）调节压力后进入三位四通电磁换向阀（18.2），电磁换向阀 a 端电磁铁得电，压力油经过液控单向阀（16.2）、单向节流阀（17.2）进入液压制动器活塞无杆腔，活塞推动摩擦片后退，松开摩擦盘。

（6）关桨液压原理如图 5.22 所示，电机（6）启动，通过联轴器（7）驱动液压泵（8）向主油路输送压力油。压力油通过溢流阀（14）调节压力后进入三位四通电

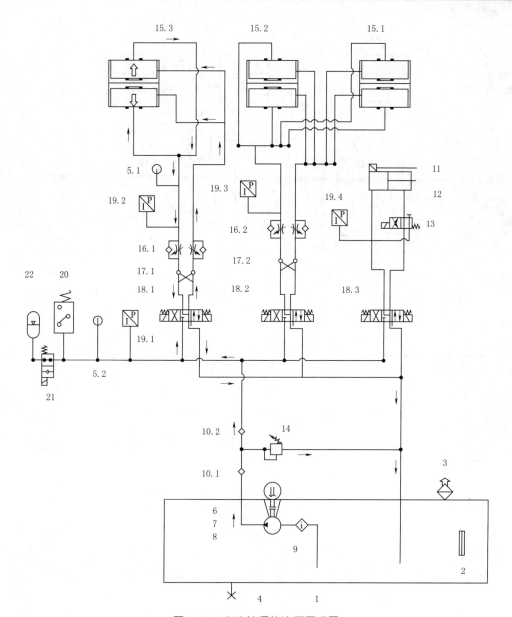

图 5.19 高速轴释放液压原理图

磁换向阀（18.3），电磁换向阀 b 端电磁铁得电，二位四通电磁换向阀（13）a 端不得电，压力油进入变桨液压缸无杆腔，活塞杆前进，叶片关桨。有杆腔压力油经过二位四通电磁换向阀（13）、三位四通电磁换向阀（18.3）直接回油箱。

（7）开桨液压原理如图 5.23 所示，电机（6）启动，通过联轴器（7）驱动液压泵（8）向主油路输送压力油。压力油通过溢流阀（14）调节压力后进入三位四通电磁换向阀（18.3），电磁换向阀 a 端电磁铁得电，二位四通电磁换向阀（13）a 端不得电，压力油经过二位四通电磁换向阀（13）进入变桨液压缸有

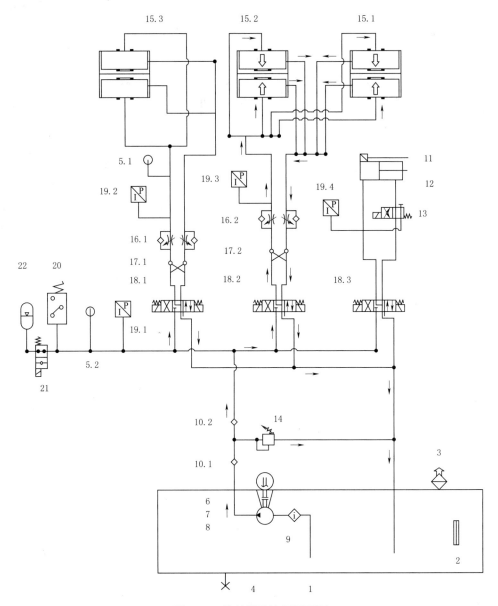

图 5.20　偏航制动液压原理图

杆腔，活塞杆后退，叶片开桨。无杆腔压力油经过三位四通电磁换向阀（18.3）
直接回油箱。

　　（8）快速收桨液压原理如图 5.24 所示，电机（6）启动，通过联轴器（7）驱动
液压泵（8）向主油路输送压力油。压力油通过溢流阀（14）调节压力后进入三位四
通电磁换向阀（18.3），电磁换向阀 b 端电磁铁得电，二位四通电磁换向阀（13）a 端
得电，压力油同时进入变桨液压缸（12）无杆腔和有杆腔。由于无杆腔有效作用面积
大于有杆腔的有效作用面积，使得活塞向右的作用力大于向左的作用力，因此活塞向

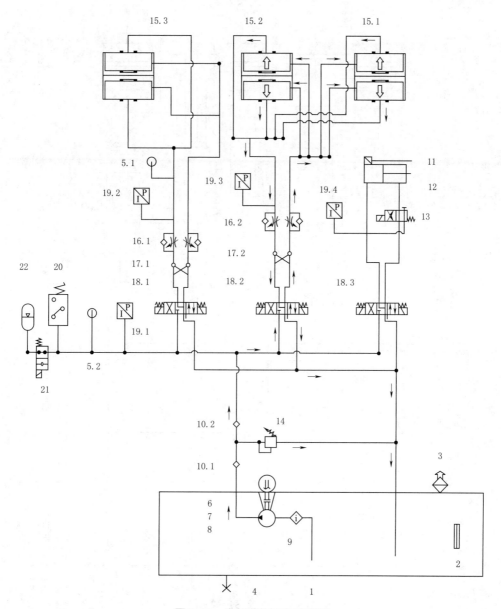

图 5.21　偏航释放液压原理图

右运动，将有杆腔油液挤出，使其进入无杆腔，从而加快了活塞杆的伸出速度，叶片快速收桨。

5. 2. 4　高速轴制动控制实验

1. 实验目的

（1）熟悉高速轴制动系统的结构及工作原理。

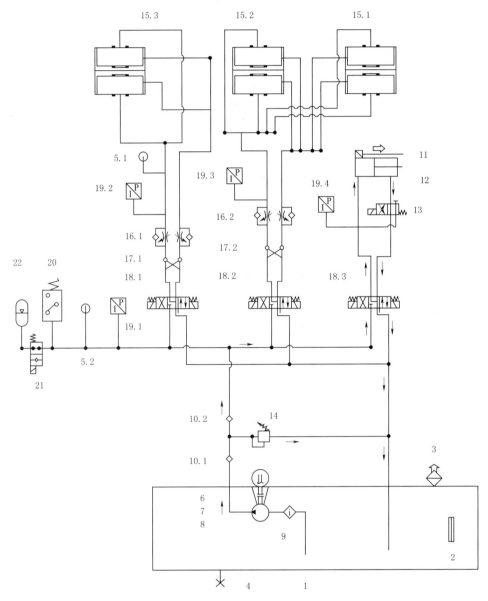

图 5.22　关桨液压原理图

（2）了解高速轴制动系统在风电机组中的作用。

（3）掌握高速轴制动系统的控制方法。

2．实验内容

（1）高速轴制动器制动实验。

（2）高速轴制动器释放实验。

3．高速轴制动器工作原理

高速轴制动器安装在齿轮箱高速轴上，制动盘安装在联轴器上，如图 5.25 所示。

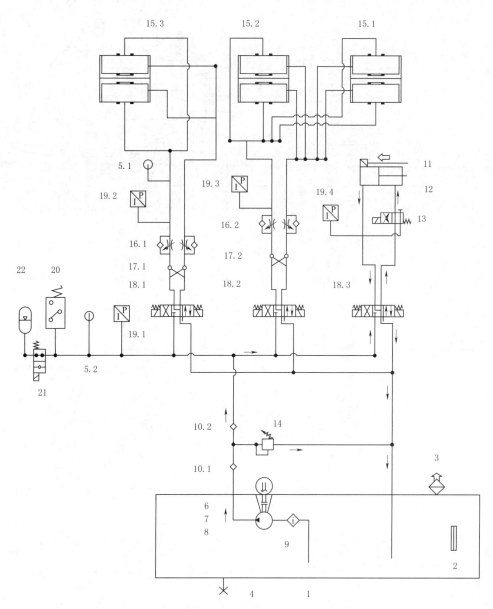

图 5.23　开桨液压原理图

高速轴制动由作用在高速轴制动盘上的液压制动器来实现。制动器上的摩擦片夹紧制动盘，从而对制动盘产生制动力矩，使旋转的制动盘停转，或防止静止的制动盘旋转（如停机制动）。

本实验台液压制动器如图 5.26 所示，由两个半钳体对称安装组成，每个半钳体由一个缸体构成。缸体内有一个活塞，活塞上安装摩擦片。通过改变液压缸压力实现制动力改变，通过改变活塞行程来实现制动器制动与释放。

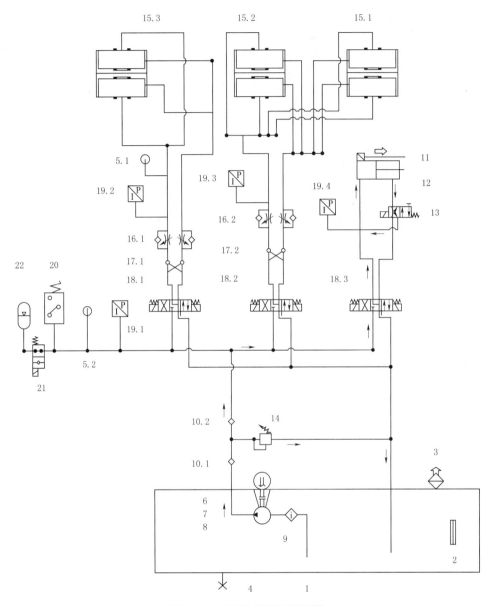

图 5.24　快速收桨液压原理图

4. 实验步骤

（1）高速轴制动实验。

1）在实验界面点击"实验设置"，单击液压泵控制切换按钮，选择"自动运行液压泵"（B 背景变为绿色），如图 5.27 所示。

2）这时主油路压力表压力保持在设定的额定压力 2.5MPa，在操作面板上按"高速轴制动"按钮，观察三位四通电磁换向阀得电动作情况。

3）观察高速轴制动器与制动盘之间的间隙，此时，制动器的摩擦片与摩擦盘之

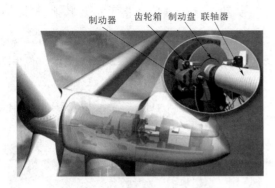

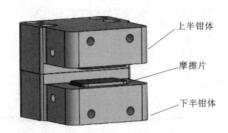

图 5.25　高速轴制动系统结构外形　　　　图 5.26　制动器结构外形

间应该夹紧，无间隙。

（2）高速轴释放实验

1）在实验界面点击"实验设置"，单击液压泵控制切换按钮，选择"自动运行液压泵"（B 背景变为绿色），如图 5.27 所示。

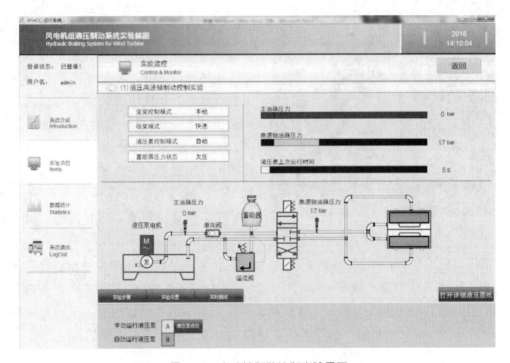

图 5.27　高速轴制动控制实验界面

2）这时主油路压力表压力保持在设定的额定压力 2.5MPa，在操作面板上按"高速轴释放"按钮，观察三位四通电磁换向阀得电动作情况。

3）观察高速轴制动器与制动盘之间的间隙，此时，制动器的摩擦片与摩擦盘之间间隙 1mm。

4）把一张 A4 白纸放到高速轴制动器与制动盘缝隙（请勿将手指及其他身体部位伸入）。

5）在操作面板上按"高速轴制动"，执行液压电磁阀动作，轻轻拽动白纸，白纸被夹在制动器与制动盘之间。

6）在操作面板上按"高速轴释放"，执行液压电磁阀动作。轻轻拽动白纸，白纸可以取出。

5.2.5　液压系统常见故障实例与处理方法

图 5.28　风电机组液压站

液压站又称液压泵站，是独立的液压装置，它为高速主轴制动器和偏航制动器提供动力。液压单元根据风电机组刹车系统的要求供油，并控制油流的方向、压力和流量，从而使得刹车系统的制动器执行刹车、松开的动作。液压站是由机泵组、集成块或阀组合、油箱、电气盒组成。图 5.28 所示为风电机组液压站，其中机泵组由电动机、联轴器、高压齿轮泵组成，它是液压站的动力源，将机械能转化为液压油的动力能。集成块或阀组合是由液压阀及通道体组合而成。它对液压油实行方向、压力、流量调节。油箱由碳铜材质构成的半封闭式容器，还装有加热器、空气滤清器、液位计、液位开关和温度开关等，用来储油、对油加热和过滤，以及显示油位。

液压站的工作原理如下：电机带动油泵旋转，泵从油箱中吸油后打油，将机械能转化为液压油的压力能，液压油通过集成块（或阀组合）被液压阀实现了方向、压力、流量调节后经外接管路传输到偏航刹车、转子刹车的制动器部分，从而实现刹车动作。在 1.5MW 风电机组中液压系统是确保机组安全运行必不可少的部分。

液压系统常见故障及处理方法如下：

（1）液压站油位低。故障原因及处理方法：检查液压油位，如果油位过低，重新加油；检查液压站、液压油路、主轴刹车和偏航刹车是否漏油，如果漏油，处理漏油点。

（2）给定时间内压力不足。故障原因及处理方法：检查液压站、液压油路、主轴刹车和偏航刹车是否漏油。如果漏油，处理漏油点；检查液压油位，如果油位过低，重新加油。上述步骤完成后，手动打压，观察液压压力是否能够建立，如果不能建立，观察油泵电机是否正常启动，运转过程中是否有卡涩，异响等情况；如果手动打压装置可以让压力建立，说明液压油泵存在问题，更换液压油泵；检查各电磁阀、溢流阀是否卡涩。

（3）液压站油泵电机跳闸。故障原因及处理方法：复位后故障未消除，检查断路器触点接线是否松动或脱落，如有应及时修复；检查断路器触点是否损坏，如有损坏及时更换断路器；如断路器无故障，应检查液压油是否过于黏稠，导致油泵电机过流，及时更换液压油。

（4）液压站加热器跳闸。故障原因及处理方法：复位后故障未消除，检查热继电器触点接线是否松动或脱落，如有应及时修复；检查热继电器触点是否损坏，如有损坏及时更换热继电器；热继电器无故障，应检查液压站加热器是否短路，如果短路及时更换液压站加热器；复位液压站加热器热继电器。

（5）液压油温度高报警。故障原因及处理方法：检查散热器是否出现问题，是否存在表面沉积物多厚导致散热通风不良现象；查看液位计，检查系统循环的油量是否充足，如果油量不足应给液压站注油。

（6）偏航残压过大。偏航时噪声很大，且有可能使偏航开关跳闸。故障原因及处理方法：使用残压表测量偏航时的残压；如果现场没有残压表，手动关闭液压站油泵电机的电源，通过手动方式进行轴刹车以降低系统压力，动作偏航刹车（反复的偏航和停止偏航），此时系统压力会继续下降，直到系统压力不再降低；松开残压调整螺杆上的锁紧螺母，用内六角扳手转动残压调整螺杆，调整残压；重新测量残压，直至残压值达到要求。

5.3 主传动链及振动监测实验

5.3.1 主传动链组成

风电机组主传动链的功能是将风轮的动力传递给发电机。主传动链主要由主轴、主轴承、齿轮箱、联轴器和发电机等部分组成。主轴安装在风轮和齿轮箱之间，前端通过螺栓与轮毂刚性连接，后端与齿轮箱低速轴连接，主轴将风轮捕获的风能以转矩的形式传递给齿轮箱。

主轴承选用调心滚子轴承，主要用来承受径向负荷，同时也能承受一定量的轴向负荷，该轴承外圈滚道为球面形，故具有调心功能，是大型风电机组常用轴承类型之一。齿轮箱是将主轴的转速增大至发电机需要的转速。发电机的作用是将机械能转化为电能。

　　缩比平台的主传动链设计是依托大型风电机组主传动链结构缩比而成，由主轴、主轴承、轴承座、齿轮箱、联轴器和发电机组成，如图 5.29 所示。其中主轴承选用调心滚子轴承 23120C，齿轮箱选用两级行星＋一级平行轴传动，发电机为高速永磁发电机。

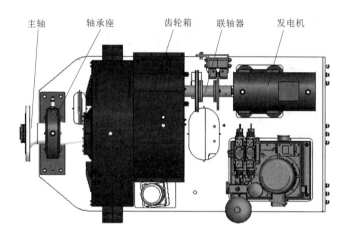

图 5.29　缩比平台主传动链布局

5.3.2　传感器的布置

　　一般情况下，测点数量及方向的确定应考虑以下原则：能对设备振动状态做出全面描述，尽可能选择机器振动的敏感点；测量位置应尽量靠近轴承的承载区，与被监测的转动部件最好只有一个界面，尽可能避免多层相隔，使振动信号在传递过程中减少中间环节和衰减量；测量点必须有足够的刚度。依照传感器测点的布置原则，传感器布置图如图 5.30 所示。其中：1 号传感器用来监测主轴、主轴承的水平振动；2 号传感器用来监测拖动电机的振动和齿轮箱平行级齿轮啮合的冲击振动；3 号传感器用来监测主轴、主轴承、的垂直振动；4 号传感器用来监测发电机后轴承的振动；5 号传感器用来监测发电机前轴承的振动；6 号和 7 号传感器则是用来监测主机架的振动。

5.3.3　各旋转部件的转动频率计算方法

　　表 5.1 给出了缩比平台上主要部件的技术参数，计算转动频率时可以从表中读取数值，计算公式为

$$f = \frac{n}{60} \tag{5.1}$$

式中　f——转动频率，Hz；
　　　　n——转速，r/min。

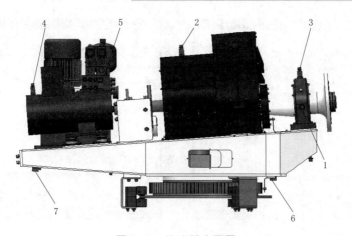

图 5.30　传感器布置图

1~7—传感器及采集仪的通道号

表 5.1　　　　　　　　　　　主 要 部 件 技 术 参 数

部 件 名 称	参 数 名 称	参 数 值
拖动电机	额定转速	1420r/min
	额定功率	4kW
发电机	额定转速	1200r/min
	额定功率	3kW
齿轮箱	总速比	1∶90
	平行级速比	1∶1
	平行级齿轮齿数	$z=53$
	平行级齿轮模数	$m=2$

以拖动电机以额定转速（1420r/min）工作为例计算各个部件的转动频率为

拖动电机转动频率

$$f_t = \frac{n}{60} = \frac{1420}{60} = 23.66 \tag{5.2}$$

发电机转动频率

$$f_g = \frac{n}{60} = \frac{1420}{60} = 23.66 \tag{5.3}$$

平行级齿轮啮合转动频率

$$f_{ge} = \frac{n}{60} \times z = \frac{1420/90}{60} \times 53 = 13.93 \tag{5.4}$$

主轴转动频率

$$f_s = \frac{n}{60} = \frac{1420/90}{60} = 0.26 \tag{5.5}$$

5.3.4　实验步骤

（1）打开操作台的电脑柜，开启电脑，在电脑启动后，电脑屏幕上自动弹出如图 5.31 所示在线服务窗口，鼠标左键点击启动在线服务，如图 5.32 所示。当启动服务完成之后关闭当前对话框，鼠标左键双击桌面 MOS3000 在线状态监测系统。

图 5.31　启动后自动弹出在线服务状态　　　　　　图 5.32　启动在线服务

（2）按下操作台上"拖动使能"按钮，将"拖动"旋钮旋转至启动，调节"拖动速度"由慢至快，并且同时观看操作台上右部触摸屏上显示的发电机转速数值，达到数值要求后停止旋钮旋转（该实验要求拖动电机低速运行，为配合后续实验结果做对比，此项实验拖动电机转速为 300r/min）。

（3）运行 MOS3000 在线监测系统，界面如图 5.33 所示是诊断分析运行界面，在

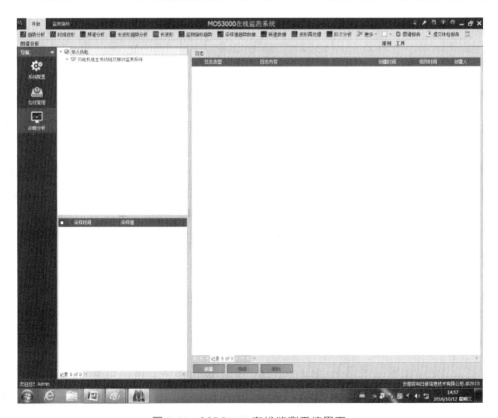

图 5.33　MOS3000 在线监测系统界面

界面的最上方有"趋势分析""时域波形""频谱分析"等分析按钮。鼠标点击左上方配置树,可看到在线监测的设备为沈阳华人风电科技有限公司主传动链及振动监测系统,该设备在线监测的配置树中有主轴－3V、主轴－1H、齿轮箱－2V、发电机－5V、发电机－4V、主机架－6H、主机架－6V、主机架－7H和主机架－7V这些测点信息。测点"主轴－3V",主轴代表测点的位置,"－3"代表此处为采集仪的第三个通道,"V"代表传感器测量的是垂直方向。需要单独说明的是主机架的两个传感器,

主机架共设计了前后两个测点,两处均采用 RH123 型晃动传感器,该传感器能测量两个方向的振动值,故测点"主机架－6H"为主机架前端传感器的水平方向测量,"主机架－6V"为主机架前部传感器的垂直方向测量。

（4）待监测系统监测设备 1min 后,在屏幕的左下方会上传新的采样数据,如图 5.34 所示。首先使用鼠标左键选中配置树中的测点传感器和想要查询波形的时间,点击时域波形即查看该时间段下此测点的时域波形。

（5）点击"主轴－3V"测点,查看该测点的时域波形图（图 5.35）,在波

☑	采样时间 ▼	采样值	仪器序列号	备注
☑	2016-10-12 15:37:55	0.01	10000088	
☑	2016-10-12 15:17:55	0.269	10000088	
☑	2016-10-12 14:57:55	0.01	10000088	
☑	2016-10-12 14:17:55	0.01	10000088	
☑	2016-10-12 13:57:56	0.01	10000088	
☑	2016-10-12 13:37:55	0.01	10000088	
☑	2016-10-12 13:17:54	0.01	10000088	
☑	2016-10-12 12:57:56	0.01	10000088	
☑	2016-10-12 12:37:55	0.01	10000088	
☑	2016-10-12 12:17:55	0.01	10000088	
☑	2016-10-12 11:57:56	0.08	10000088	
☑	2016-10-12 11:37:55	0.38	10000088	
☑	2016-10-12 11:17:55	0.01	10000088	
☑	2016-10-12 10:57:56	0.077	10000088	
☑	2016-10-12 10:37:55	0.01	10000088	
☑	2016-10-12 10:17:55	0.086	10000088	

记录 1 of 200

图 5.34　采样值界面

形图中找到振动能量最大的波形加速度数值,并且记录该点加速度数值。

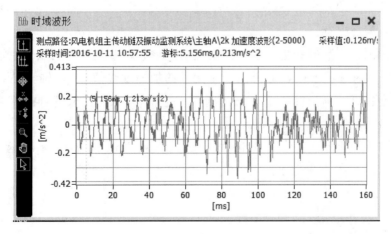

图 5.35　测点"主轴－3V"时域波形图

（6）计算各个运动部件的转频数值（拖动电机转速为 300r/min）为

$$f_t = \frac{n}{60} = \frac{300}{60} = 5$$

$$f_g = \frac{n}{60} = \frac{300}{60} = 5$$

$$f_{ge} = \frac{n}{60} \times z = \frac{300/90}{60} \times 53 = 2.94$$

$$f_s = \frac{n}{60} = \frac{300/90}{60} = 0.05$$

（7）查看测点"主轴－3V"频谱波形图，在波形图中找出主轴转频对应的加速度数值，平行轴齿轮啮合频率对应的加速度数值，并且截屏保存（图 5.36）。

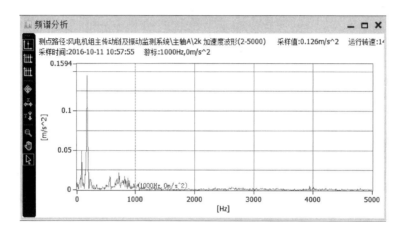

图 5.36 "主轴－3V"频谱图查看

（8）查看测点"发电机－4V"频谱波形图，在波形图中找出发电机转频下的加速度数值，并且截屏保存。

（9）使用加速度数值在坐标纸上绘出主轴的轴心轨迹。打开测点"主轴－3V"和"主轴－1H"的时域波形图，选择同一时刻下的加速度数值，"主轴－3V"读取的加速度数值为坐标纸的纵坐标数值，该时刻下"主轴－1H"读取的加速度数值为坐标纸的横坐标数值，至少绘制 20 个点。

（10）将拖动电机转速分别调至 600r/min、900r/min、1420r/min 运行，保证每个转速下运行时至少有两组波形上传。查看测点"主轴－3V"最后时刻的趋势分析图。

5.3.5 实验注意事项

（1）由于该实验结果作为基础和后续实验结果做对比所以实验时拖动电机需保证转速为 300r/min。

（2）为确保实验结果的准确性，每个测点要监测 3 个以上波形图。

5.3.6 传动链常见故障实例与处理方法

传动链的功能是将功率从风轮传送到发电机，包括主轴系统、齿轮箱系统、联轴器系统、刹车系统。

传动链的常见故障与处理方法如下：

（1）齿轮箱高速轴轴承温度高报警。故障原因及处理方法：如果出现高速轴轴承受力不均时，应找出导致轴承受力不均的原因；当高速轴轴承润滑不足时，应给齿轮箱注润滑油。

（2）齿轮箱油温度高停机。故障原因及处理方法：齿轮箱油温度设定值过低时，应调整齿轮箱油温度设定值；如果齿轮箱冷却风扇电机线路问题导致齿轮箱无法冷却时，应检修齿轮箱冷却风扇电机线路；如果齿轮箱冷却风扇电机故障导致齿轮箱无法冷却时，应更换齿轮箱冷却风扇电机。

（3）齿轮箱冷却风机过流。齿轮箱冷却风机热继电器信号报告过电流。故障原因及处理方法：检查冷却电机热继电器设定值是否过小；检查主控柜内冷却电机接线端子是否松动；使用钳形电流表检测冷却风机电流值与整定值比较，进而判断电机是否损坏，若是冷却风扇电机损坏，应更换冷却风扇电机。当以上故障均排查修复后，应复位齿轮箱冷却电机热继电器。

（4）齿轮箱油过滤器堵塞。故障原因及处理方法：检查齿轮箱过滤器线路是否出现问题；检查齿轮箱过滤器滤芯是否堵塞，如有异常则更换齿轮箱过滤器滤芯；检查齿轮箱过滤器压力继电器是否误动，如有问题及时修复。

（5）齿轮箱油温度低停机。故障原因及处理方法：确定是否由于遇到极端低温天气导致的停机保护；检查齿轮箱加热器启动温度值设置是否过低，导致齿轮箱加热器无法启动，如有异常则应调整齿轮箱加热器温度设定值；检查齿轮箱加热器线路是否正常，如有异常应修复齿轮箱加热器线路；检查齿轮箱加热器自身是否正常，如有异常则应更换齿轮箱加热器。

第6章

风电场运行实例及典型故障实例

6.1 某风电场典型运行实例

6.1.1 风电场运行概述

本风场风能资源较为丰富，风电场 80m 风功率密度等级为 1 级，风电场年可利用风速小时数较多，70m 高度在 3~25m/s 年小时数为 7600h，在 4~25m/s 年小时数为 6600h。风电场分五期建设，总装机 247.5MW，共 165 台单机 1.5MW 风电机组，其中 132 台 A87/1500 风电机组和 33 台 B86/1500 风电机组。风电机组全场平均可利用率 98.78%。风场接入后的穿透功率极限（风电容量占系统总负荷的比例）为 0.58%，短路容量比（风电场额定容量与风电场并网点短路容量比值）为 2.89%。风电机组运行平稳，故障率较低，发电设备装机平均等效满负荷小时数和平均净上网小时数与可行性研究报告基本持平，全场综合厂用电率为 2.46%。风电场选用两个厂家的风电机组，一期、二期、三期、五期采用 A 公司 A87/1500 风电机组，四期采用 B 公司 B86/1500 风电机组。

6.1.2 风电场运行特性分析

对风电场并网线路 9—12 月有代表性的日发电曲线进行分析，具有如下统什特征：

（1）3：00—9：00 为低谷时段。

（2）9—11 月上旬，11：00 开始负荷逐步上升，17：00—24：00 为发电高峰。

（3）11 月上旬到 12 月，11：00 发电量开始逐步上升，17：00—24：00 达到高峰后下降到低谷；

（4）并网线路有较高的功率因数，大新线功率在 10MW 以上时功率因数约为 0.99，功率在 10MW 以下时也不小于 0.8。

图 6.1 为标幺化后的 21# 风电机组日发电曲线，其日发电量从 5% 变化到 40% 以上具有较大的日变化量。同时，风电的季节性特点也得出了反映，比如在风力较弱的季节，日最大发电量不能达到 50%。

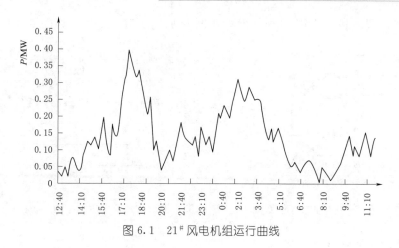

图 6.1 21# 风电机组运行曲线

图 6.2 为地理位置相邻的 21#、22# 和 23# 风电机组某日的运行曲线。通过分析可以得知，地理位置相近的三台风电机组发电曲线具有相似性，即在同一时间达到发电峰值；对比可知，单台风电机组和整场风电机组有相近似的运行趋势，并在相同时间达到最大功率，因此在对风电场进行仿真研究时，可以采用一台或数台风电机组作为全风电场的模型。

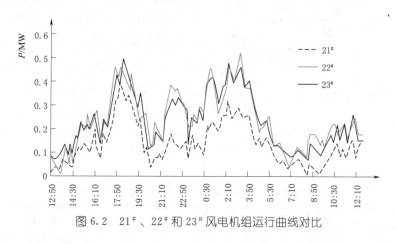

图 6.2 21#、22# 和 23# 风电机组运行曲线对比

归纳风电场的运行规律：发电功率变化具有周期性，且随季节的不同亦会有变化，发电功率的变化对出线电压影响不大，需要研究风电场发电功率的变化对于电网的调度计划的影响。

6.1.3 环境因素对风场的影响

1. 海拔对发电量的影响

风电场模拟软件显示发电量随海拔变化趋势不明显。统计了不同海拔下实际运行中各机位实发小时数，并与交底电量进行对比，发现实际发电量随相对海拔上升增加较明显，如图 6.3 所示。通过曲线拟合，发现实发小时数与海拔呈一次线性关系，其斜率为 5.16，即海拔每下降 10m，发电小时数平均下降 51.6h，如图 6.4 所示。

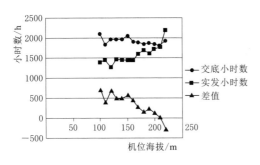

图 6.3 交底小时数和实发小时数随相对图

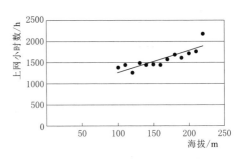

图 6.4 实发小时数与海拔相关关系图

2. 森林对发电量影响

根据实地踏勘记录和卫星照片，将某公司生产的四期 132 台风电机组分为有树林和无树林两类地貌。统计两类地貌下的机舱风速和发电量见表 6.1。对比发现，在平均海拔基本相当的前提下，有树林机位的机舱平均风速要比无树林机位低 0.12m/s，实发小时数约 200h，而各种风电场模拟软件均未能反映出这一趋势。同时，树林对发电小时数的影响效果要比对平均风速的影响大，这说明低风速风电场中的植被不但影响了平均风速，而且使得风频、风向、风切变等参数朝着不利于发电的方向发展。分别对比不同海拔、两种地貌下机位的平均发电小时数，如图 6.5 所示。可见，几乎在所有海拔下，有树林机位的发电小时数都要比无树林机位低。

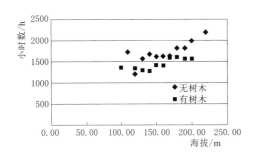

图 6.5 不同海拔下两种地貌
机位小时数对比图

表 6.1 有树林和无树林地貌下风速、发电量统计

地貌	样本数	海拔/m	风速/(m/s)	实发小时数/h	WAsP 计算小时数/h	WT 单塔小时数/h	WT 多塔小时数/h	Fulin 模式小时数/h
无树	70	166.00	4.91	1708	2092	2058	1732	1805
有树	62	161.00	4.79	1486	2120	2106	1734	1757
差值	—	5.00	0.12	222	−28	−48	−2	48

3. 风切变对功率的影响

选取 1 号风电机组 SCADA 功率和对应同时段生产测风塔 10~80m 切变数据，做出不同风切变下功率曲线图。如图 6.6 所示，在大部分风速段，功率曲线随风切变增大而降低，在风速接近额定风速左右情况正好相反。风切变值的大小和地面粗糙度、大气稳定度等有较大关系。一般来说粗糙度越大，风切变越大，越不利于风电机组发

电，这一结论和前文地面粗糙度对风电机组发电能力有较大影响的结论相吻合。

4. 湍流强度对功率曲线的影响

为探索湍流强度对功率曲线的影响，选取 1 号风电机组 SCADA 功率和对应同时段生产测风塔 80m 高度湍流强度值，做出不同湍流下功率曲线图。如图 6.7 所示，风速在 8m/s 以下，功率曲线随湍流强度增大而增大。风速大于 8m/s 以上时，情况正好相反。湍流强度的大小和地面粗糙度、大气稳定性和障碍物等有较大关系。就低风速风电场来说，低风速段风能所占比例较大，故湍流强度越大越有利于风电机组发电。这和某公司提供的理论状态下不同湍流强度对应的功率曲线结论相吻合。

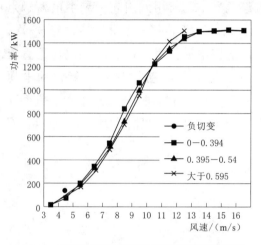

图 6.6　在不同风切变下风电机组功率曲线图　　图 6.7　在不同湍流强度下风电机组功率曲线图

6.2　风电场典型故障实例

6.2.1　案例简介

2015 年 2 月下旬山西某风电场出现故障。项目共 19 台 2.5MW 风电机组，在所有风电机组掉电后重新上电，有 15 台风电机组 AC3 复位继电器工作不正常。现场人员反馈继电器不能稳定工作，有时候 13K5 的 11，12 常闭触点能够断开，有时候常闭触点不能断开，导致 AC3 不能掉电后重新上电工作。

6.2.2　现象、问题描述

（1）风电机组报变桨逆变器 AC3 OK 信号丢失故障。

（2）待超级电容电压达到 100V 额定电压后，通过塔底监控对 AC3 使能进行复位。其中有一些变桨柜能够一次复位成功，还有一些需要多次复位才能解决。

（3）每次塔底复位时变桨柜内 I/O 模块 KL2408 能够正常输出 24～28V 电压给

13K5 继电器线圈，并且继电器 LED 灯亮。

（4）13K5 继电器 11-12 常闭触点不是每次都能正常动作，导致 AC3 的 B1 口电压 100V 没有得到复位。

6.2.3 关键过程、根本原因分析

故障的主要问题是驱动器 AC3 掉电后再上电之后不能复位，由此考虑可能是继电器出现问题，进行相关实验。实验所采用的继电器如图 6.8 所示。

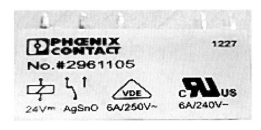

图 6.8　菲尼克斯 13K5 (2961105)

在环境温度下，通过变桨程序控制复位继电器，同时用万用表记录继电器触点 12 针角的电压，每一个继电器动作 30 次。当继电器不动作时，12 针角的电压是直流 100V。当继电器动作时，12 针角的电压是 0V。由此判断继电器常闭触点是否断开。13K5 工作的电路图如图 6.9 所示。图 6.9 中 B1 口驱动器内部电路示意图如图 6.10 所示。

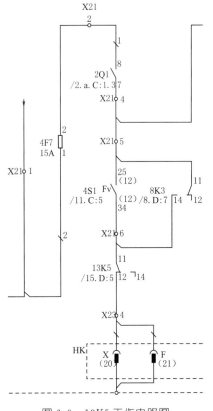

图 6.9　13K5 工作电路图

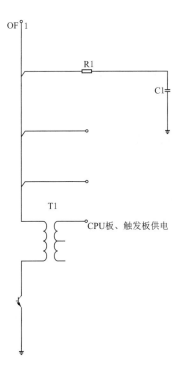

图 6.10　B1 口驱动器内部电路示意图

继电器常闭触点测试结果见表 6.2。

表 6.2 　　　　　　　　　　　　　继电器常用触点测试结果

触点序号	工作有无异常	异　常　现　象	备　　注
1	全部异常	每次线圈得电后能听到继电器里面的响声,但常闭触点不打开	拆开继电器外壳后,检查触点是正常的没有粘连。拆开后又做了 30 次实验,结果恢复正常,判断可能是拆之前继电器内部机械结构性卡死
2	无		
3	无		
4	无		
5	第 21 次到第 30 次测试结果异常	线圈得电后继电器里面没有响声,常闭触点不打开	
6	第 2 次到第 30 次测试结果异常	线圈得电后继电器里面没有响声,常闭触点不打开	
7	第 2 次和第 3 次测试结果异常	线圈得电后继电器里面没有响声,常闭触点不打开	
8	第 5 次到第 12 次、第 14 次到第 30 次测试结果异常	第 5 次到第 10 次,第 12,17,18,21 次。第 23 次到第 30 次。线圈得电后能听到继电器里面的响声,常闭触点不打开;第 11,14,15,16,19,20,22 次,线圈得电后继电器里面没有响声,常闭触点不打开	
9	无		
10	无		

继电器触点流过电流的测试结果:在驱动器驱动电机工作时,13K5 的 11 号,12 号触点的电流是 0.16A;在驱动器不驱动电机工作时,13K5 的 11 号,12 号触点的电流是 0.1A。

菲尼克斯 13K5(2961105)继电器主要参数见表 6.3。

表 6.3 　　　　　　　　菲尼克斯 13K5(2961105)继电器主要参数

最大切换电压	250V AC/DC
最小切换电压	5V(100mA 时)
最大启动电流	根据需求提供
最小切换电流	10mA(12V 时)
限制连续电流	6A
最大额定功率值(电阻负载)	140W(24V DC)
	20W(可用于 48V DC)
	18W(可用于 60V DC)
	23W(可用于 110V DC)
	40W(可用于 220V DC)
	1500VA(可用于 250V AC)

续表

	2A (24V、DC13 时)
	0.2A (110V、DC13 时)
符合 DIN VDE 0660/IEC 60947 的通断容量	0.1A (220V、DC13 时)
	3A (24V、AC15 时)
	3A (120V、AC15 时)
	3A (230V、AC15 时)

13K5 线圈电压工作是 24V，11 点，12 点触点的分断电压 DC100V，11 点，12 点触点流过最大电流是 0.16A，以上数据表明 13K5 继电器的实用环境是满足此继电器的设计要求。

本次实验的 10 个继电器，在各实验了 30 次的情况下，有 5 个继电器工作出现异常。

6.2.4 复位继电器后续测试试验设计

设计复位继电器后续测试试验，对故障可能原因进行查找。

方案 1：更改变桨柜内接线，使用两个可调直流电源作为电源，驱动器作为负载，用一个可调直流电源给驱动器 AC3 供 100V 电，将原来超级电容给 B1 口的接线取掉（将 X21 的 3 号与 4 号端子之间的短接片取掉），将另一个可调直流电源的 0V 和变桨柜 0V 相连接，将它的正级接入 X21 的 3 号端子，分别在电压 70V、80V、90V、100V、110V 和 120V 的时候对每个复位继电器操作 5 次，对 18 个待测继电器（9 个现场返回故障继电器，编号为坏 2～坏 10；9 个全新继电器，编号为好 2～好 10）工作状态、触点是否打开和触点闭合时工作的电流进行观察和记录。

此次试验的测试结果未发现有继电器出现故障，成功率为 100%。为了能够与下面方案 2 的数据进行对比，分别选取了现场返回继电器"坏 10"和新的继电器"好 2"，抓取它们在负载电压为 100V，电流 98mA 时，吸合瞬间电流的波形图，如图 6.11 和图 6.12 所示。

方案 2：将方案 1 中的负载驱动器变更为可调电子负载，并去掉给驱动器供电的可调直流电源，调节电子负载的电流，保证在负载电压为 24V、60V、70V、85V 和 100V 的时候对每个复位继电器操作 10 次，并同时调节流经触点的电流为 200mA、150mA 和 100mA，观察并记录触点是否断开，表 6.4 显示了此次试验继电器触点吸合的成功率。

分别选取了现场返回继电器"坏 10"和新的继电器"好 2"，抓取它们在不同负载电压和电流时，吸合瞬间电流的波形图。

图 6.13、图 6.14 是继电器在 100V/200mA 工作环境下瞬间电流波形图。

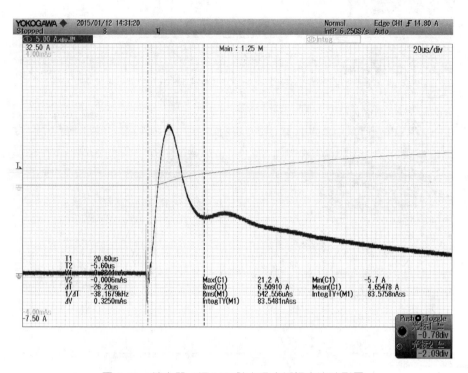

图 6.11　继电器"坏 10"触点吸合瞬间电流波形图

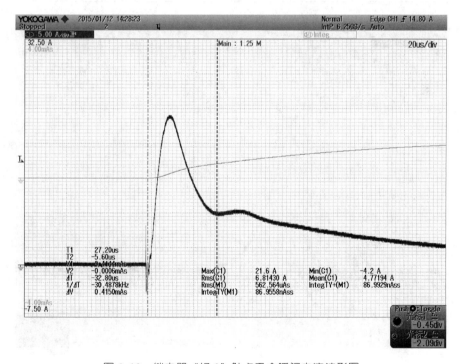

图 6.12　继电器"好 2"触点吸合瞬间电流波形图

表 6.4 触 点 吸 合 成 功 率

测 试 环 境		9 个坏继电器	9 个好继电器
100V	200mA	19%	21%
	150mA	22%	33%
	100mA	14%	47%
85V	200mA	26%	72%
	150mA	24%	50%
	100mA	37%	42%
70V	200mA	48%	77%
	150mA	50%	33%
	100mA	41%	59%
60V	200mA	61%	77%
	150mA	61%	67%
	100mA	49%	69%
24V	200mA	100%	100%
	150mA	—	—
	100mA	—	—

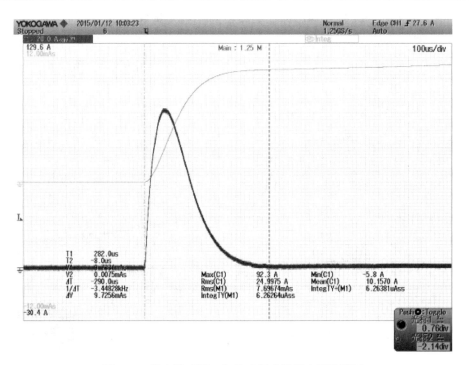

图 6.13 继电器"坏 10"触点吸合瞬间电流波形图

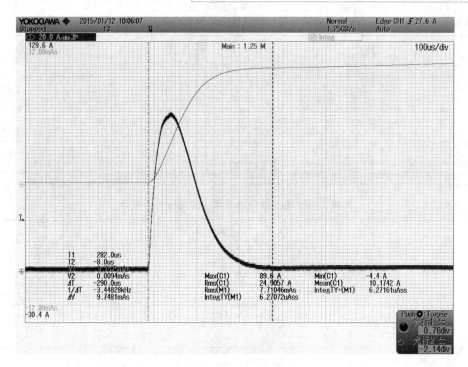

图 6.14　继电器"好 2"触点吸合瞬间电流波形图

　　根据试验方案 2 的测试数据得到表 6.5～表 6.9 统计结果。

表 6.5　　　　　　　　　　　　方案 2 现场返还继电器吸合成功率统计

电压/V	电　流/mA		
	200	150	100
100	19％	22％	14％
85	26％	24％	37％
70	48％	50％	41％
60	61％	61％	49％
24	100％	—	—

表 6.6　　　　　　　　　　　　方案 2 新继电器吸合成功率统计

电压/V	电　流/mA		
	200	150	100
100	21％	33％	47％
85	72％	50％	42％
70	77％	33％	59％
60	77％	67％	69％
24	100％	—	—

表 6.7 方案 2 现场返还继电器峰值电流和尖峰电流积分统计

电压/V	电 流/mA					
	200		150		100	
100	92.3	9.7256	96.0	9.6731	95.2	9.7088
85	85.6	8.5050	83.2	8.5013	79.2	8.5256
70	73.5	7.2319	72.8	7.2431	71.2	7.2544
60	64.8	6.4013	57.4	6.2925	57.6	6.2775
24	29.6	2.8069				

表 6.8 方案 2 新继电器峰值电流和尖峰电流积分统计

电压/V	电 流/mA					
	200		150		100	
100	89.6	9.7481	96.0	9.6900	96.0	9.6994
85	82.4	8.5031	85.6	8.4788	85.6	8.5144
70	73.6	7.2263	70.8	7.2675	72.9	7.2469
60	65.6	6.4050	56.8	6.3131	60.8	6.2550
24	29.5	2.8350				

表 6.9 方案 1 新旧继电器峰值电流和尖峰电流积分统计

继电器编号	工 况	
	100V，98mA	
坏 10	21.2	0.3250
好 2	21.6	0.4150

6.2.5 结论及解决方案

1. 结论

通过此次试验，可以得到以下结论：

（1）在不同的电压和电流下，随着继电器所带功率（产品手册允许范围之内）的增加，继电器吸合成功的概率有明显的下降趋势。

（2）发现当用 AC3 作为负载时，电流的尖峰值和尖峰电流积分明显小于用电子负载作为负载时。

由以上结论可以推理：

方案 2 之所以有如此多的失败概率，有可能与电子负载在继电器吸合瞬间造成的电流尖峰过大并且持续时间过长有关。电流尖峰过大并且持续时间过长会产生较大的热能，造成继电器触点粘连，使其在下一次动作时不能断开。所以，现场发生的继电器不能正常工作很可能也与此有关，如要确认，须完全模拟现场情况并抓取继电器工作失败前一次触点吸合时的电流波形。

2. 解决方案

应对现有的情况，提出如下解决方案：

（1）升级变桨驱动器程序，使因驱动器电压小于 35V 驱动器所报故障可以自动复位。

（2）后期更换此型号继电器，使用容量更大的继电器。

6.2.6 经验总结、预防措施和规范建议

13K5 复位继电器在选型时是按照纯电阻负载选型，图 6.15 是复位继电器所选型号 REL－MR－24DC/21（2961105）在纯阻性负载下的触点带载能力，到了 100VDC 的时候，是 0.2A。

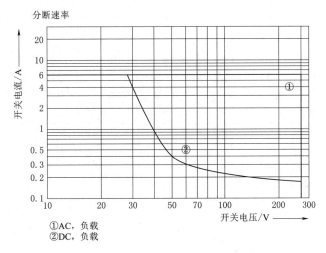

图 6.15　2961105 复位继电器在纯阻性负载下的触点带载能力

但现场实际应用的驱动器本身是带有容性特性的负载，按照经验估计容性负载的冲击电流是额定电流的 10 倍，常闭触点一动作就会有电弧产生，容易出现触点粘连现象。因此建议选用大电流型号的继电器替换目前使用的继电器，以满足容性负载的需求。

目前现场遇到类似故障，首先可以更换继电器，更换后验证是否恢复正常，避免在没有确定其他器件损坏的前提下，盲目查找，导致耗时、耗力，影响工作效率。

3MW 双馈式风电机组参数

参 数 名 称	数 值	参 数 名 称	数 值
叶片个数	3 个	风轮阻尼系数 B_r	1250Ns/m
叶片长度 R_b	48.3m	传动链弹性系数 K_s	18.1×10^6 N/m
风轮半径 R	50m	传动链阻尼系数 B_s	3858.1Ns/m
塔架高度 H	82.61m	电动变桨距速度	7.5°/s
齿轮箱传动比 n_g	1∶84.21	急停变距速度	9°/s
空气密度 ρ	1.225kg/m³	风力发电机组固有频率	0.33Hz
风轮转子转速范围	9.2~16.4r/min	发电机极对数	3
风轮转子额定转速	14.25r/min	发电机转速范围	660~1800r/min
额定功率	3MW	发电机额定转速	1200r/min
额定风速 v_N	11.5m/s	发电机阻尼系数 B_g	749Ns/m
切入风速 v_{cut-in}	3.5m/s	发电机转动惯量 J_g	210kg·m²
切出风速 $v_{cut-out}$	25m/s	轮毂高度 H_{hub}	84.71m
风剪切系数	0.20	塔顶等效质量 m_{tw}	1.7614×10^5 kg
粗糙长度 z_0	0.01m	塔架顶端半径 R_{tw}	1.15m
湍流强度（18m/s）	19%	塔架的弹性系数 s_{tw}	1.235×10^6 N/m
风轮转动惯量 J_r	16×10^6 kg·m²	塔架的阻尼系数 d_{tw}	2.9746×10^3 Ns/m

参 考 文 献

［1］ 裴郁. 我国可再生能源发展战略研究［D］. 大连：辽宁师范大学，2004.

［2］ 耿华. 风力发电系统能量最优问题的研究［D］. 北京：清华大学，2008.

［3］ 蔡国营. 基于PSCAD的永磁直驱风力发电系统最大风能追踪研究［D］. 厦门：厦门大学，2009.

［4］ 于文杰. 永磁直驱风力发电系统最大风能追踪策略研究［D］. 吉林：东北电力大学，2008.

［5］ 李元龙. 风能转换系统的多目标最优控制研究［D］. 无锡：江南大学，2009.

［6］ 孙海生. 变速恒频风力发电系统中双PWM变换器的分析、建模与控制［D］. 呼和浩特：内蒙古工业大学，2009.

［7］ 王承熙，等. 风力发电［M］. 北京：中国电力出版社，2003.

［8］ 叶杭冶. 风力发电机组的控制技术［M］. 北京：机械工业出版社，2002.

［9］ 马洪飞，徐殿国，苗立杰. 几种变速恒频风力发电系统控制方案的对比［J］. 电工技术杂志，2000，8：47－51.

［10］ 叶启明. 大型风力发电机组系统的结构与特点［J］. 华中电力，2002，15（2）：67－68.

［11］ 李辉，杨顺昌，廖勇. 变速恒频双馈发电机励磁控制策略综述［J］. 电工技术杂志，2002，12：5－8.

［12］ 邹旭东. 变速恒频交流励磁双馈风力发电系统及其控制技术研究［D］. 武汉：华中科技大学，2005.

［13］ 吴定会. 风能转换系统的分析、控制与最优方法研究［D］. 无锡：江南大学，2010.

［14］ 张新房. 大型风力发电机组的智能控制研究［D］. 北京：华北电力大学，2004.

［15］ 肖运启，徐大平，吕跃刚. 双馈风电机组一种新型模糊最大风能追踪控制［J］. 华北电力大学学报，2009，36（6）：1－7.

［16］ 刘颖明. 永磁式直驱风电机组控制技术研究［D］. 沈阳：沈阳工业大学，2010.

［17］ 李辉，何蓓. 双馈风力发电系统的最大风能控制策略［J］. 太阳能学报，2008，29（7）：797－803.

［18］ 张治俊，李辉，陈宏文等. 双馈风电机组总体控制策略及运行性能［J］. 重庆大学学报，2011，34（7）：63－68.

［19］ B. Boukhezzar，L. Lupu，H. Siguerdidjane，M. Hand Multivariable control strategy for variable speed，variable pitch wind turbines［J］. 2007，32（8）：1273－1287.

［20］ 白廷玉，李和明. 基于DFIG的变速恒频风力发电机组控制策略［J］. 电力科学与工程，2008，24（4）：42－46.

［21］ 杨俊华，吴捷，杨金明，等. 风力发电系统中的最优控制策略综述［J］. 微特电机，2004，3：30－42.

［22］ Javid S H，Murdoch A，Winkelman J R. Control design for a wind turbine－generator using output feedback［J］. Control Systems Magazine，1982，2（3）：23－29.

［23］ Muljadi E，Butterfield C P. Pitch－controlled variable－speed wind turbine generation［J］. IEEE Transactions on Industry Applications，2001，37（1）：240－246.

［24］ Kosaku T，Sano M，Nakatani K. Optimum pitch control for variable－pitch vertical－axis wind turbines by a single stage model on the momentum theory. Proceedings of IEEE International Conference on Systems，Man and Cybernetics，Hammamet，Tunisia，2002.

[25] 蔡国营. 基于 PSCAD 的永磁直驱风力发电系统最大风能追踪研究 [D]. 厦门：厦门大学，2009.

[26] 尚磊. 双馈异步风力发电系统改进直接功率控制策略研究 [D]. 杭州：浙江大学，2011.

[27] 赵瑞艳. 具有切换结构的非线性系统最优控制方法研究生 [D]. 北京：中国石油大学，2011.

[28] 高桂革. 最优控制理论的发展和展望 [J]. 上海电机学院学报，2005 (1)：86-90.

[29] 张锋. 线性二次型最优控制问题的研究 [D]. 天津：天津大学，2009.

[30] 门耀民，范瑜，汪至中. 永磁同步电机风力发电系统的自寻优控制 [J]. 电工技术学报，2002，17 (6)：82-86.

[31] 王晓东. 大型双馈风电机组动态载荷控制策略研究 [D]. 沈阳：沈阳工业大学，2011.

[32] 张秀玲，谭光忠，张少宇，等. 采用模糊推理最优梯度法的风力发电系统最大功率点跟踪研究 [J]. 中国电机工程学报，2011，31 (2)：119-123.

[33] E. A. Bossanyi. Individual blade pitch control for reduction [J]. Wind Energy，2003，6：119-128.

[34] Muljadi E，Butterfield C P. Pitch - controlled variable - speed wind turbine generation [J]. IEEE Transactions on Industry Applications，2001，37 (1)：240-246.

[35] Johnson K E，Pao L Y，Balas M J，et al. Control of Variable - speed Wind Turbines：Standard and adaptive techniques for maximizing energy capture [J]. Control Systems Magazine，IEEE，2006，26 (3)：70-81.

[36] 耿华，杨耕，周伟松. 考虑风机动态的最大风能捕获策略 [J]. 电力自动化设备，2009，29 (10)：107-111.

[37] 孙国霞. 大型变速恒频风电系统的最大风能追踪控制研究 [D]. 南宁：广西大学，2007.

[38] 尹潮鸿. 基于 dSPACE 的风机智能控制半实物仿真研究 [D]. 北京：北京交通大学，2009.

[39] 程启明，程尹曼，汪明媚，等. 风力发电系统中最大功率点跟踪方法的综述 [J]. 华东电力，2010，38 (9)：1393-1398.

[40] 孔屹刚，王志新. 大型风电机组模糊滑模鲁棒控制器设计与仿真 [J]. 中国电机工程学报，2008，28 (14)：136-141.

[41] Morimoto S，Nakayama H，Sanadam，et al. Sensorless output maximization control for variable - speed wind generation system using IPMSG [J]. IEEE Transactions on Industrial applications，2005，41 (1)：60-67.

[42] 赵永祥，夏长亮，宋战锋，等. 变速恒频风力发电系统风力机转速非线性 PID 控制 [J]. 中国电机工程学报，2008，28 (11)：133-138.

[43] 尹明，李庚银，张建成，等. 直驱式永磁同步风电机组建模及其控制策略 [J]. 电网技术，2007，15：50-54.

[44] 刘其辉，贺益康，赵仁德. 变速恒频风力发电系统中最大风能追踪控制 [J]. 电力系统自动化，2003，27 (20)：62-67.

[45] 王成元，夏加宽，杨俊友，等. 电机现代控制技术 [M]. 北京：机械工业出版社，2006.

[46] 白焰，范晓旭，吕跃刚，等. 大型风力发电机动态最优控制策略研究 [J]. 电力系统自动化，2010，34 (12)：90-92.

[47] 陈奇，桑英军，王林高. 额定风速以下风力发电系统的双频环最优控制器设计 [J]. 微特电机，2011 (7)：1-5.

[48] 范晓旭，白焰，吕跃刚，等. 大型风力发电机组线性二次高斯最优控制策略 [J]. 中国电机工程学报，2010，30 (20)：100-101.

[49] 范晓旭. 变速恒频风力发电机组建模、仿真及其协调最优控制 [D]. 北京：华北电力大学，2010.

[50] Ostergaard K Z，Brath P，Stoustrup J. Gain - scheduled linear quadratic control of wind turbines

operating at high wind speed [C]. Proceedings of the 2007 IEEE Multi-conference on Systems and Control, Singapore, 2007: 276-281.

[51] Endusa Billy Muhando, Tomonobu Senjyu, Naomitsu Urasaki, et al. Gain scheduling control of variable speed WTG under widely varying turbulence loading [J]. Renewable Energy, 2007 (32): 2407-2423.

[52] Muhando E. B, Senjyu T, Yona A, et al. Disturbance rejection by dual pitch control and self-tuning regulator for wind turbine generator parametric uncertainty compensation [J]. IET Control Theory & Applications, 2007, 1 (5): 1431-1440.

[53] Ostergaard K Z, Brath P, Stoustrup J. Estimation of effective wind speed [J]. Journal of Physics: Conference Series, 2007 (75): 1-9.

[54] 陈思哲, 吴捷, 姚国兴, 等. 基于微分几何的风力发电机组恒功率控制 [J]. 控制理论与应用, 2008, 25 (2): 336-340.

[55] 赵永祥, 夏长亮, 宋战锋, 等. 变速恒频风力发电系统风力机转速非线性 PID 控制 [J]. 中国电机工程学报, 2008, 28 (11): 133-138.

[56] 何玉林, 黄帅, 杜静, 等. 基于前馈的风力发电机组变桨距控制 [J]. 电力系统保护与控制. 2012, 3: 29-23.

[57] 马卫东, 向蓉, 向平. 风力发电机的恒功率控制 [J]. 低压电器, 2011, 16: 25-29.

[58] 李俊, 何玉林, 苏东旭, 等. 风力机风速测控系统的研究 [J]. 现代科学仪器, 2011, 3: 12-16.

[59] 陈进军. 变速恒频双馈风力发电系统的建模与控制 [D]. 无锡: 江南大学, 2009.

[60] 金鑫. 风力发电机组系统建模与仿真研究 [D]. 重庆: 重庆大学, 2007.

[61] 张纯明. 大型风力发电机组独立变桨距控制策略研究 [D]. 沈阳: 沈阳工业大学, 2011.

[62] 王伟. 永磁同步风能转换系统的转速控制研究 [D]. 无锡: 江南大学, 2011.

[63] 惠晶, 方光辉. 新能源转换与控制技术 [M]. 北京: 机械工业出版社, 2008: 63-110.

[64] 褚金, 张舜德, 王鹏. 风力发电机组的动态特性研究 [J]. 机械设计与制造, 2011, 11 (11): 92-92.

[65] 王哲. 大型风电机组变桨距控制策略研究 [D]. 沈阳: 沈阳工业大学, 2010.

[66] 黄朝阳. 风力发电变桨距传动及控制系统的虚拟设计 [D]. 西安: 西安理工大学, 2005.

[67] 付德宝. 变速恒频风力发电系统传动链转矩波动控制 [D]. 天津: 天津大学, 2009.

[68] 接劲, 崔新维, 谢建华, 等. 机械系统状态空间法在风力发电机主轴系统上的应用 [J]. 新疆农业大学学报, 2006, 19 (2), 98-100.

[69] Johansson M, Rantzer A, Arzen K E. Piecewise quadratic stability of fuzzy systems [J]. IEEE Trans on Fuzzy Systems, 1999, 7 (6): 713-722.

[70] 陈严, 欧阳高飞, 叶枝全. 大型水平轴风力机传动系统的动力学研究 [J]. 太阳能学报, 2003, 24 (5): 219-234.

[71] Welfonder E, Neifer R, Spanner M. Development and experimental identification of dynamic models for wind turbines [J]. Control Engineering Practice, 1997, 5 (1): 63-73.

[72] Inlian Munteanu, Antoneta Iuliana Brarcu, Nicolaos-Antonic Cutululis et al. Optimal control of wind energy systems [M]. London: Springer, 2008.

[73] 方斯琛, 周波. 滑模控制的永磁同步电机伺服系统一体化设计 [J]. 中国电机工程学报, 2009, 29 (3): 96-101.

[74] Manfred Stiebler. Wind Energy Systems for Electric Power Generation [M]. London: Springer, 2008.

[75] 张先勇, 吴捷, 杨金明, 等. 额定风速以上风力发电机组的恒功率 $H\infty$ 鲁棒控制 [J]. 控制理论与应用, 2008, 25 (2): 321-328.

[76] Akhmatov. Analysis of dynamic behaviour of etectric power systems with large amount of wind power [D]. Kongens Lyhgby：Technical University of Denmark，2003.

[77] De Battista H，Mantz RJ. Dynamical variable structure controller for power regulation of wind energy conversion systems [J]. IEEE Transactions on Energy Conversion 2004，19（4）：756－763.

[78] H. Camblong. Digital robust control of a variable speed pitch regulated wind turbine for above rated wind speeds [J]. Control Engineering Practice，2008，16：947－958.

[79] Nichita C，Luca D，Dakyo B，Ceang E. Large band simulation of the wind speed for real time wind turbine simulators [J]. IEEE Transactions on Energy Conversion，2002，17（4）：523－529.

[80] Borowy BS，Salameh ZM. Dynamic response of a stand－alone wind energy conversion system with battery energy storage to a wind gust [J]. IEEE Transactions on Energy Conversion. 1997，12（1）：73－78.

[81] Endusa Billy Muhando，Tomonobu Senjyu，Hiroshi Kinjo，et al. Augmented LQG controller for enhancement of online dynamic performance for WTG system [J]. Renewable Energy，2008，33（8）：1942－1952.

[82] Bianchi F，De Battista H，Mantz RJ. Wind Turbine Control Systems－Principles，Modelling and Gain Scheduling Design [M]. Springer，London，2006.

[83] 王萧，王艳，纪志成. 风能转换系统的双频环容错控制 [J]. 江南大学学报（自然科学版），2009，8（6）：688－693.

[84] Farret FA，Pfitscher LL，Bernardon DP. An heuristic algorithm for sensorless power maximization applied to small asynchronous wind turbogenerators [J]. Processings of the IEEE International Symposium on Industrial Electronics，2000，（1）：179－184.

[85] Iulian Munteanu，Antoneta Iuliana Bratcu，Emil Ceangă. Wind turbulence used as searching signal for MPPT in variable－speed wind energy conversion systems [J]. Renewable Energy，2009，34（1）：322－327.

[86] 柳明，柳文. 基于风速和空气密度估计的最大风能捕获 [J]. 电网技术，2009，23（1）：577－580.

[87] Iulian Munteanu，Nicolaos Antonio Cutululis，Antoneta Iuliana Bratcu，et al. Optimization of variable speed wind power systems based on a LQG approach [J]. Control Engineering Practice，2005，13（7）：903－912.

[88] Endusa Billy Muhando，Tomonobu Senjyu，Hiroshi Kinjo，et al. Augmented LQG controller for enhancement of online dynamic performance for WTG system [J]. Renewable Energy，2008，33：1942－1952.

[89] 肖运启. 双馈型风力发电机励磁控制与最优运行研究 [D]. 北京：华北电力大学，2008.

[90] 孙秋霞. 双馈感应风力发电系统的基础理论研究与仿真分析 [D]. 哈尔滨：哈尔滨工业大学，2006.

[91] 许凌峰. 变桨距风力发电机组智能控制研究 [D]. 北京：华北电力大学，2008.

[92] 胡丽萍. 变速恒频风电系统最大风能追踪控制研究 [D]. 北京：华北电力大学，2010.

[93] 徐大平，肖运启，吕跃刚，等. 基于模糊逻辑的双馈型风电机组最优功率控制 [J]. 太阳能学报，2008，29（6）：644－645.

[94] Inlian Munteanu，Antoneta Iuliana Brarcu，Nicolaos－Antonic Cutululis et al. 风力发电系统最优控制 [M]. 李建林，周京华，梁亮，等，译. 北京：机械工业出版社，2010.

[95] 蒋斌. 考虑风速随机性的含风电场电力系统电压稳定性研究 [D]. 长沙：长沙理工大学，2009.

[96] 李辉. 风电场风速和输出功率的多尺度预测研究 [D]. 兰州：兰州理工大学，2010.

［97］ 王成山，杨建林，张家安，等. 一种暂态稳定并行仿真的改进算法及其加速比分析［J］. 电力自动化设备. 2006（5）：28 - 32.

［98］ 李元龙，朱芸，纪志成. 风能转换系统最优控制策略综述［J］. 微特电机，2009（2）：59 - 62.

［99］ 吴定会，纪志成. 基于 dSPACE 的风能转化系统控制器设计［J］. 微特电机，2010（1）：48 - 50.

［100］ 刘云久，王冰，张一鸣. 基于风速预测的双馈风力发电机组变桨距协调控制［J］. 河海大学学报，2012，40（3）：358 - 359.

［101］ 金雪红，梁武科，李常. 风速对垂直风力机风轮气动性能的影响［J］. 流体机械. 2010，38（4）：45 - 52.

［102］ 关利海. 变速恒频双馈风力发电系统功率控制技术研究［D］. 沈阳：沈阳工业大学，2011.

［103］ 刘其辉，贺益康，张建华. 交流励磁变速恒频风力发电机的最优功率控制［J］. 太阳能学报，2006，27（10）：1014 - 1020.

［104］ 郭鹏. 风电机组非线性前馈与模糊 PID 结合变桨距控制研究［J］. 动力工程学报，2010，30（11）：838 - 843.

［105］ 张学武，陈绍炳. 风电机组模糊 PI 控制与前馈控制相结合的变桨控制［J］. 能源工程，2012（3）：30 - 32.

［106］ Fernando D. Bianchi，Hernan De Battista and Ricardo J. Mantz. Wind Trubine Control Systems［M］. London：Spring，2006.

［107］ 王伟. 永磁同步风能转换系统的转速控制研究［D］. 无锡：江南大学，2011.

［108］ 温和煦. 兆瓦级风力发电机组模糊控制［D］. 沈阳：沈阳工业大学，2008.

［109］ 李俊. 大型风电机组整机及关键部件仿真分析与最优设计研究［D］. 重庆：重庆大学，2011.

［110］ 刘军. 风力发电机组控制策略最优与实验平台研究［D］. 重庆：重庆大学，2011.

［111］ 谢威，彭志炜，张朝纲. 一种基于牛顿拉夫逊法的潮流计算方法［J］. 许昌学院学报，2006（2）：35 - 40.

［112］ 朱文强. 牛顿—拉夫逊法在配电网中的应用［J］. 水利技术，2004（3）：24 - 29.

［113］ 顾洁，陈章潮，徐蓓. 一种新的配电网潮流算法—改进牛顿 - 拉夫逊法［J］. 华东电力，2000（5）：5 - 9.

［114］ 何宇，彭志炜，张靖，等. 电力系统暂态稳定性并行参数牛顿计算方法［J］. 贵州工业大学学报（自然科学版）. 2003，32（5）：33 - 36.

［115］ 姚兴佳，宋俊，等. 风力发电机组原理与应用［M］. 北京：机械工业出版社，2009.

［116］ 高峰，徐大平，吕跃刚. 大型风力发电机组的前馈模糊 - PI 变桨控制［J］. 动力工程，2008，28（4）：538 - 542.

［117］ 井艳军. 双馈风电机组模型预测控制研究［D］. 沈阳：沈阳工业大学，2011.

［118］ 岳俊红，刘吉臻，谭文，等. 改进的预测函数控制算法及其应用研究. 中国电机工程学报. 2007，27（11）：93 - 96.

［119］ 林辉，王永宾，计宏. 基于反馈线性化的永磁同步电机模型预测控制［J］. 测控技术，2011，30（3）：53 - 58.

［120］ 杨秀媛，肖洋，陈树勇. 风电场风速和发电功率预测研究［J］. 中国电机工程学报，2005，25（11）：1 - 5.

［121］ 王艳领，郑卫红，李朝锋，赵瑞杰. 大型风电机组变桨仿真试验系统的研究与实现［J］. 电子设计工程，2016，24（15）：52 - 55.

［122］ 王莹，孙建忠. 风力发电变流器与控制技术综述［J］. 伺服控制，2011（7）：25 - 32.

［123］ 凌志斌，窦真兰，张秋琼，等. 风力机组电动变桨系统［J］. 电力电子技术，2011（8）：107 - 109.

［124］ 尹忠东. 可再生能源发电技术［M］. 北京：中国水利水电出版社，2010.

［125］ 边伟，谢毅. 变桨矩风力发电机组输出功率控制方法的应用研究［J］. 华北电力技术，2011（5）：26-29.

［126］ 蔡新，潘盼，朱杰. 风力发电机叶片（风力发电工程技术丛书）［M］. 北京：中国水利水电出版社，2014.

［127］ 王亚荣. 风力发电与机组系统［M］. 北京：化学工业出版社，2014.

［128］ 李永奎，杨扬，何海建，等. MW级风电机组轮毂与变桨挡块强度分析［J］. 机电工程，2019，36（2）：40-45.

［129］ 王正杰，王玥，吴炎烜. 机电系统控制原理及应用［M］. 北京：北京理工大学出版社，2012.

［130］ 徐德淦，李祖明. 电机学［M］. 2版. 北京：机械工业出版社，2009.

［131］ 凌志斌，窦真兰，张秋琼，等. 风力机组电动变桨系统［J］. 电力电子技术，2011（8）：107-109.

［132］ 张小雷，高崇伦，吴爱国. 大型低风速风电场运行分析［J］. 安徽电力，2013（1）：36-38.

［133］ 张雪芝，王维庆，王海云. 湍流强度对风电场发电量的影响［J］. 可再生能源，2018，36（5）：757-761.

［134］ 张建礼. 变速变桨恒频双馈式1.5MW风电机组输出功率优化途径分析［J］. 华北电力技术，2013（11）：53-56.

［135］ 张尚腾. 双模式光储互补发电系统能量转换与控制技术研究［D］. 北京：北京交通大学，2016.

［136］ 龙万利，黄筱叶. 永磁直驱风力发电系统控制策略仿真研究［J］. 湖南工程学院学报（自然科学版），2020，30（2）：20-25.

［137］ 田剑刚，张沛，彭春华，时珉，王铁强，尹瑞，王一峰. 基于分时长短期记忆神经网络的光伏发电超短期功率预测［J］. 现代电力，2020，37（6）：629-638.

［138］ 张磊，王贞贞，王婕. 风电机组拟连续高阶滑模转矩控制器设计［J］. 控制工程，2018，25（1）：1-6.

［139］ 王晗雯，鲁胜，周照宇. 光伏—混合储能微电网协调控制及经济性分析［J］. 华电技术，2020，42（4）：31-36.

［140］ 刘姝. 变速恒频双馈风电机组最优功率控制研究［D］. 沈阳：沈阳工业大学，2013.

［141］ Shu Liu, Lei Wang, Hongliang Jiang, Yan Liu and Hongyu You. Wind farm energy storage system based on cat swarm optimization - backpropagation neural network wind power prediction［J］. Frontiers in Energy Research，2022（3）.

［142］ Shu Liu, Hongyu You, Yan Liu, Wanfu Feng, Shuo Fu. Research on optimal control strategy of wind - solar hybrid system based on power prediction［J］. ISA Transactions，2022（123）：179-187.

［143］ Yan Liu, Shu Liu, Lihong Zhang, Fuyi Cao and Liming Wang. Optimization of the Yaw control error of wind turbine［J］. Frontiers in Energy Research，2021（2）.